办公建筑的环境能源效率优化设计

A Design Guideline and Operation Handbook for Environment-Energy Efficiency Opimization on Government Owned Office Buildings

"公共机构环境能源效率综合提升适宜技术研究与应用示范"
（2013BAJ15B01）课题组

庄惟敏　黄献明　高庆龙　刘加根　黄蔚欣　郭晋生
周正楠　胡　林　朱珊珊　栗　铁　夏　伟　李　涛

Research Group of the ' Research and application demonstration on the comprehensive improvement of environmental energy efficiency of government owned buildings'

中国建筑工业出版社

目　录

办公建筑的环境能源效率优化设计

A Design Guideline and Operation Handbook for Environment-Energy Efficiency Opimization on Government Owned Office Buildings

办公建筑的环境能源效率优化设计

A Design Guideline and Operation Handbook for Environment-Energy Efficiency Opimization on Government Owned Office Buildings

办公建筑的环境能源效率优化设计

A Design Guideline and Operation Handbook for Environment-Energy Efficiency Opimization on Government Owned Office Buildings

第一章 "环境能源效率"及其优化设计理论

可持续或绿色运动从一开始，即呈现出对环境恶化的忧虑与对人类自身未来健康永续发展责任的双重关怀，因此，就像一个硬币的两个侧面，对于我们所身处的这个自然环境的保护，以及对人类自身健康与舒适的关心，始终是"可持续运动"关注的两大焦点，围绕它们所形成的"平衡发展"或"效率优先"理念，因而也顺理成章地成为所有可持续探讨共同遵循的基本法则。

我国大量的公共机构目前普遍存在能耗指标高、环境品质低、绿色节能技术支撑不足等问题。为了解决这样的问题，本书认为基于"环境能源效率"的优化途径首先决定于规划与设计阶段，目前有关公共机构的规划设计，缺乏围绕该理念所提出的必要的设计目标要求，设计过程仍普遍沿用传统的"接力棒"式专业间信息传递流程，各专业的工作经常面临脱节问题，无法提出有效的环境性能综合优化方案，从而错失了在规划与设计阶段实现优化的最佳时机。本书所形成的优化设计导则，目标在于逐步扭转这一局面，通过在策略体系、决策工具、流程优化等方面的有效引导，尤其是后期运行维护为实现公共机构——办公建筑的"环境能源效率"优化目标，打下坚实基础。

基于"环境能源效率"的优化是一个包含了规划设计、施工建设与运行维护的全过程。目前有关公共机构的运行管理普遍采用传统的"安全即可，能用即成"的思路，缺少基于环境能源效率的优化运行策略，如果无法构建运行阶段的优化策略体系，那么就会使得设计时基于环境能源效率所采用的一切方法和手段无法得到有效落实，从而使得环境能源效率全过程管理中缺少最终的落实环节。本书的后半部分基于"环境能源效率"的运行优化，目前运行过程中存在的普遍问题提出了指导性要求，在确保适宜的室内外环境性能的前提下，进一步提高公共机构建筑节能水平。

1.1 "环境性能"与"建筑能耗"

"环境能源效率"中的"环境"，指的是"建筑环境性能"，即建筑项目构建的室内外环境对使用者带来的影响，以及由建设项目引起的对外部大环境带来的冲击和负荷；"能源"指的是为实现这些"建筑环境性能"所消耗的能量。

办公建筑的环境能源效率优化设计

A Design Guideline and Operation Handbook for Environment-Energy Efficiency Opimization on Government Owned Office Buildings

图1 "环境性能"与"能源消耗"的关系示意

"效率"指的是"建筑环境性能"与为之付出的"能源"代价之间的比较关系。具体而言，"建筑环境性能"与"建筑能耗"所包含的内容如图1所示。

建筑"环境性能"由"物理性能"与"服务质量"两部分组成，其中"物理性能"包括建筑室内外光环境、声环境、热环境、空气品质四方面内容。综合《采光测量方法》GB/T 5699—2017、《室内照明测量方法》GB/T 5700—2008、《建筑照明设计标准》GB 50034—2013、《建筑采光设计标准》GB 50033—2013，光环境参数包括照度、统一眩光值UGR、显色指数Ra以及自然采光时采光系数C（%）（需要注意的是：标准中针对自然采光及人工照明规定的照度值不同，如普通办公室自然采光最低照度为100lx，而人工照明时需要高于300lx）。综合《民用建筑隔声设计规范》GB 50118—2010、《工业企业噪声控制设计规范》GB/T 50087—2013、《工业企业噪声测量规范》GBJ 122—1988，声环境测试参数确定为A声级。热环境测试参数较为复杂，一般包括空气温度、辐射温度、湿度、风速等。综合实际可操作性和相关规范要求，空气品质主要选取二氧化碳浓度指标和单位时间换气次数作为指征。

建筑"服务质量"包括除室内环境之外的建筑使用过程中提供的服务质量的评价（表1）。目前在世界范围内，学者们采用不同评价方式对使用中的建筑进行了一系列建筑性能评价，并制定了相关评价规则。其中较为著名的有国际建筑性能评价联盟BPE评价、美国ASTM标准评价尺度、美国CBE建筑性能使用评价、德国Koblenz建筑性能评价、巴西NUTAU建筑性能评价、以色列GIA用户满意度评价、日本NOPA建筑性能标准（http://www.nopa.or.jp（Japanese））等。

办公建筑"服务质量"评价内容　　表1

办公室环境标准	功能	审美	空间布局	维护管理
办公室	– 无障碍通道 – 个性化控制 – 定位 – 窗户 – 设备 – 办公设施的舒适度 – 家具可调节性	– 室内装饰 – 植物 – 隔墙或隔门 – 景色 – 地板、家具颜色、质地	– 交流方便性 – 视觉私密性 – 服务区的通达性 – 工作和储物空间	– 清洁 – 信息接口 – 防盗安全
会议室	– 人工／自然照明 – 无障碍通道 – 灵活座位 – 技术设备 – 办公设施的舒适度 – 家具可调节性	– 室内装饰 – 植物 – 隔墙或隔门 – 景色 – 地板、家具颜色、质地	– 交流方便性	– 清洁 – 信息接口
交通空间（走廊／电梯）	– 人工／自然照明 – 无障碍通道 – 指示信息 – 电梯等候时间 – 隔声性	– 室内装饰 – 植物 – 地板 – 隔墙	– 办公室之间的联系 – 空间私密性	– 清洁 – 电梯维护
入口空间	– 人工／自然照明 – 无障碍通道 – 隔声性 – 指示信息	– 室内装饰 – 植物	– 空间大小 – 电梯通达性	– 清洁 – 保安 – 信息与接待前台
洗手间	– 无障碍设施 – 可使用数量 – 设施质量	– 室内装饰 – 植物 – 洁具质地	– 空间大小	– 清洁 – 耗材更新

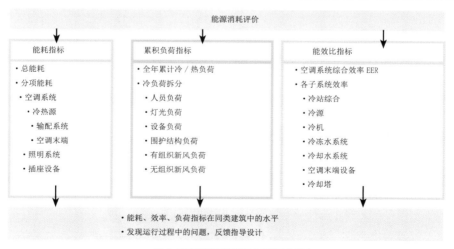

图2　建筑能源消耗评价研究内容[1]

1 肖娟, 绿色公共建筑运行性能后评估研究, 清华大学硕士论文, 2013, 13.

办公建筑的环境能源效率优化设计

A Design Guideline and Operation Handbook for Environment-Energy Efficiency Opimization on Government Owned Office Buildings

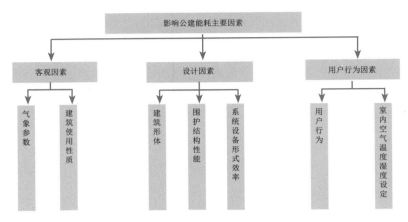

图 3 影响公共建筑能耗主要因素 [1]

建筑能耗指标包括建筑总能耗、建筑各分项能耗，包括空调系统、照明系统、插座设备等。空调系统进一步细分分项包括冷热源、输配系统和空调末端等（图2、图3）。

1.2 基于"环境能源效率"的设计优化理论基础以及性能化设计的既有研究梳理

"环境能源效率"的设计优化理论及技术集成路径的形成，主要来源于建筑"环境性能评价"和"整合设计原理"这两个当前绿色建筑设计优化所依循的基础理论。

1.2.1 从环境行为学到环境性能评价（BPE）

从某个角度看，本课题所依托的"环境能源效率"理念，属于"建筑环境性能评价"理论架构的一部分，是"建筑环境性能评价"理论诸多分支中，更为聚焦于建筑的能源表现与环境性能关系的一支。

广义的建筑环境性能评价（BPE）是包括研究、测量、比较、评价、反馈在内的一整套系统而严格的方法体系，这些工作通常会发生在建筑的整个生命周期，包括规划、策划、设计、建造、使用和废弃再生等阶段。BPE 主要关注存在于设计与建筑技术表现之间的，与人的行为、需求和意愿有关的那些关联，而

---

1 肖娟，绿色公共建筑运行性能后评估研究，清华大学硕士论文，2013，14.

不是技术本身。换言之，BPE 的结果表征了设施与其使用者直接的契合度或者这些设施对使用者的潜在影响。

在其半个多世纪的持续发展中，不断丰富和完善的 BPE 评价手段，使其可以用于界定或纠正对象建筑所存在的问题，并从大量的建筑研究中，总结成功或失败的经验用于指导新建筑的规划、策划、设计和管理。越来越多的实践表明，将评价的方法整合到建筑环境的设计与运行管理中，将有助于形成更为理性的决策并最终优化建筑的性能表现。[1]

该理论体系的系统提出，要追溯到 20 世纪 30 年代的芝加哥，当时在芝加哥城郊西部电器公司工厂的一个叫霍桑的地方，这是一个旨在辨析工人工作效率决定因素的研究，其中涉及了一些有关照明和工作效率关系的实验，这些实验以及被称为"霍桑效应"的研究结果揭开了有关如何改善人们的感知和行为的研究序幕。1943 年，心理学家埃贡·布伦斯维克首次使用"环境心理学"这一名词，认为环境能够对人们产生影响。他的学生罗杰·巴克和赫伯特·莱特则在 20 世纪 40 年代后期，开展了真正有关环境行为的第一批研究。在 20 世纪 50 年代，索姆、汉弗莱和奥斯蒙德在加拿大的一些老人医院中，开展了有关家居布置如何影响使用者沟通方式的研究，这同时也是索姆那个著名的"个人空间"系列研究的开始。之后不久，人类学家爱德华·T·霍尔开始撰写他的名著《隐匿的尺度》，对人与空间距离之间的相互关系——空间关系学进行了描绘。索姆和霍尔的研究直至今天，仍对室内设计的策略选择产生着深刻的影响。

到了 20 世纪 60 年代，越来越多的设计者开始更为关注建筑使用者的个体需求，尽管在当时，建筑的质量通常还是采用一些技术或审美的要素进行表征，那个时代的建筑师通常会被按照某种特定的风格进行训练，他们的建筑作品也通常按照这些风格所确定的评价原则，被其他建筑师品评。然而一个新的方向此时已开始萌芽，人们开始意识到物质空间环境可以在不知不觉中，影响人的行为和意识。

从 1965 年到 1975 年，不同研究者各自开始了一系列有关建筑环境行为关系评价的研究工作，这些评价逐步演变为后来的"使用后评估"（POE），这一

1 Shauna Mallory-Hill, Wolfgang F. E. Preiser, Chris Watson, Enhancing building performance, Chichester, West Sussex; Ames, Iowa: Wiley-Blackwell, 2012, 3.

概念与其他建筑性能评价的区别在于：它专注于建筑使用者的需求，包括健康、安全和防卫，功能性与效率性，社会、心理和文化的表现等 [1]。POE 所基于的"建筑表现"概念最早见于公元前 1800 年的经典《汉穆拉比法典》，意义为：建筑不应令使用者面临死亡或伤害的威胁——该意与 POE 所研究的使用者需求目标，没有实质性的区别。

在连续出现了 1973 年和 1979 年两次严重的能源危机后，由于大量以高性能保温和密封为主要特征的节能建筑的涌现，为了评估这些"额外"措施的有效性，同时也为了应对由于更好的建筑密封性和低换气效率的组合，所带来的"建筑综合征"（SBS）和"多化学性过敏"（MCS）等病症，建筑与使用者的关系成为该时期人们关注的一个焦点，在随之而来的 20 世纪 80 年代里，有关办公建筑、军队建筑以及其他许多类型建筑的 POE 研究开始大量开展。

1985 ～ 1995 年，随着更多更为精确的评价方法和实践"工具箱"的陆续出现 [2]，POE 此时已经成为一个独立的学科，并积累了更多的专家和实践团队。与此同时，更为理性的策划技术也逐步成熟，使得清晰描述建筑预期性能成为可能。以策划和评价为基础的建筑性能描述的新方法，反过来又帮助推动了将 POE 工具标准化的发展进程，这使得原来一一对应的通过某类建筑的 POE 结论指导同类型新建筑设计的模式得以拓展，通过标准化，POE 结论可以拓展至更多的建筑类型。

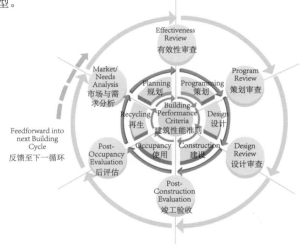

图 4 "建筑性能评价"BPE 的理论框架

1 Presier, W.F.E, Schramm, U. Building Performance Evaluation. In Time Saver Standards (eds. D. Watson et al.) 7th edn New York: McGraw-Hill, 1997.
2 Barid, G. Gray, J., Isaacs, N., Kernohan, D. and McIndoe, G. Building Evaluation Techniques, New York: McGraw – Hill, 1996.

从 1995 年到 2005 年，得益于快速发展的信息技术，评价工具变得更为易用和廉价，大量的空间大尺度、时间大跨度、涵盖建筑类型多样的 POE 研究得以开展。在 1997 年，一个被称为"建筑性能评价"（BPE）的更大尺度的模型框架被提出，它将 POE 纳入其由六个评价阶段组成的反馈循环体系中。BPE 理论架构的提出，为今天我们所熟知的各个绿色建筑评价标准体系的形成，提供了理论支撑。到了 2000 年前后，随着环境议题获得更大的关注，许多针对绿色建筑的第三方评价体系（LEED，BREEAM，NABERS 和 WorldGBC 等）开始进入高速发展期。2005 年，普利西尔和魏舍尔合著的《建筑性能评价》一书，成为第一本通过全球案例分析，系统描述 BPE 概念框架的理论著作，它明确将 BPE 与仅关注建筑使用期间表现的 POE 区别开来，强调应将建筑的全寿命周期表现均纳入其性能评价的框架，这一评价模型框架包含 6 个部分及其相互关系（图 4）。该著作的出版，也标志着 BPE 理论体系的完整提出。

1.2.2 整合设计原理

整合性设计思想在建筑学领域的发展经历了从小整合到大整合、从学科整合到多社会系统整合的发展过程。其中，最早提出"整合性"思想的是弗朗西斯·佛古森（Francis Ferguson），他在 1959 年出版的《建筑、城市和系统研究》一书中首次阐释了"整体设计"（Holistic Design）概念，认为城市是一个有机整体，"应将规划与建筑设计结合起来，进行整体考虑"[1]，以便找到存在于城市建筑之间的内在关联。

美国建筑师西姆·范·德莱恩（Sim Van der Ryn）在其 1981 年的著作《整合设计》中提出了"整合设计"（Integral Design）的概念。他认为"和谐地利用其他形式的能量，并且将这种利用体现在建筑环境的形式设计中"[2]就是"整合设计"，通过强调设计仿效自然，将自然系统的工作原理运用于人工环境与建筑的设计中，获得有利于可持续发展的建筑。这是一种借鉴生态学思想、基于仿生学原理的整合概念。

在托马斯·赫尔佐格（Thomas Herzog）看来，"整合设计"（Integrated Planning）是一种更为科学的建筑设计方法，它的重要特点是"设计的每一个

1 宋晔皓，《结合自然整体设计》，北京：中国建筑工业出版社，2000，190.
2 宋晔皓，《结合自然整体设计》，北京：中国建筑工业出版社，2000，63.

办公建筑的环境能源效率优化设计

A Design Guideline and Operation Handbook for Environment-Energy Efficiency Opimization on Government Owned Office Buildings

过程均由各个工种的工程师、科学家等专业人员介入",他们"随时利用自己的科学知识为建筑师提供科学决策的依据"[1],而建筑师作为一个项目的总协调人,将各学科的研究整合到同一个目标之中。

RMI(洛基山研究中心)在阐释如何实现"绿色开发"(Green Development)理念时提出,无论是建筑师、政府部门或是开发商都应建立起"全局性思维"(Whole - Systems Thinking)方法,所谓的"全局性思维"就是指"激活不同系统间内在关联的过程和同时解决多种问题的方法"[2]。由于人类不同的社会、经济、文化系统同处在一个由相互关联着的事物共同组成的隐形网络,作为身处其中的个体,我们往往很难全面了解由人类社会的长期发展形成的系统间的内在关联,这导致我们在实践中习惯于关注系统的细节而缺乏对整体的把握,从而无法对许多问题的内在本质做出解释。"全局性思维"要求我们在设计中不仅打破传统的专业划分限制,从认真分析不同专业系统间的相互关联入手解决可持续性建筑所面临的各种问题,更要有意识打破社会系统局限,将设计系统与其他社会、文化、经济系统结合,共同解决问题。

尽管对于整合性设计方法存在着不同的表述,内在含义也存在着些微的差别,佛古森的整合性仅局限于建筑学科内部的规划与建筑设计的结合,西姆从能量出发的整合性更接近于生态学的"整合"概念,赫尔佐格的整合性强调的是一种科学的工作方法,RMI 的整合性则是从多系统运作的效率角度建立沟通不同系统的"全局性思维"……但所有的整合性方法都遵循着同样的系统思维模式,他们在认识论上是一致的,即都认为应将建筑设计看作是一个系统工程,各种问题是构成完整系统的不同部分,彼此间存在着相互的关联,不同问题的解决有赖于整体的考虑。无论是将建筑与规划相结合,或是提倡向自然生态系统解决自身问题的机制学习,抑或将能源、材料等诸学科引入设计过程,其实质都是尽可能全面地认识系统的各个部分,以求获得对设计所面临的整体问题的协同解决。

其实对于整体性思想,C·亚历山大(Christopher Alexander)早在《模式语言》中就曾指出:"当制造一件物品时,你不能孤立地去制造它,而是必须

1 宋晔皓,托马斯 · 赫尔佐格的整合设计,北京:世界建筑,2004/09,69~70.

2 RMI. Green Development: Integrating Ecology and Real Estate, John Wiley & Sons, Inc, 1998, 37.

同时修复它周围的整个世界,并把它置于其中,使它周围的世界变得更加和谐、更加整体化"[1],整合性设计方法论所提倡的正是将设计对象和问题置于更上层的系统中以求得它的解决之道。

1.2.3 性能化建筑设计既有研究梳理

围绕建筑环境性能评价理论,近年来,国内相关研究机构陆续开展了多项相关研究。

余琼以塔楼办公建筑为研究样本,通过对四个气候区城市(哈尔滨、北京、上海、广州)的节能优化案例进行分析,厘清不同气候区节能优化的主要方向,如哈尔滨地区对建筑能耗影响力较大的设计参数是楼层数、南西边长比例;北京地区对建筑能耗影响力大的设计参数是窗墙比和窗户 HGC 值;上海地区对建筑能耗影响较大的设计参数是楼层数和窗墙比;广州地区对建筑能耗影响力大的设计参数是窗墙比和窗户 SHGC 值(表2)。

余琼提出将设计参数优化计算模型应用到中庭设计的优化中来,主要有两方面应用:

不同气候区塔楼办公建筑的节能优化研究 表2

	哈尔滨	北京	上海	广州
楼层数	大	一般	较大	较低
南、西边长比例	大	一般	一般	较低
窗墙比	西立面大	东、西立面大	东立面大	西立面大
外墙保温	西立面要求高	西立面要求高	西、北立面要求高	要求低
外窗保温	西立面要求高	东、西立面要求高	西、北立面要求高	要求低
外窗遮阳	东、西立面要求高	西立面要求高	东立面要求高	西立面要求高

1)建筑整体设计方案深化;2)中庭方案的生成。建筑整体设计方案深化包括建筑形体、立面设计及性能、系统匹配等;中庭方案的生成包括有无中庭、

---

1 保罗·霍肯《自然资本论》,上海:上海科学普及出版社,2000,150.

办公建筑的环境能源效率优化设计

A Design Guideline and Operation Handbook for Environment-Energy Efficiency Opimization on Government Owned Office Buildings

形体参数、位置布局等。采用的模型包括基于整体能耗的节能方案生成算法、中庭采光影响距离公式。根据中庭节能设计流程，对某带有中庭的办公建筑进行方案深化。

申杰从组团和单体层面，分别对以环境性能参数化为基础的设计优化方法进行了探讨。其中在组团层面，以风环境优化为目标，尝试提出建筑组团设计优化系统，以广州地区行列式建筑组团为样本，在满足日照和经济技术指标（容积率）等强制性指标的基础上，引入参数化理念，寻求最大室外平均风速比时，组团布局的最优设计。在单体层面，以广州、上海和北京三地的一梯两户多层住宅为例，通过建立参数化模型，使用 BIN 能耗计算方法，在围护结构热工性能满足各地相应节能设计标准中规定性指标的基础上，优化求解了最节能的户型平面，总结不同地区全年最节能户型的整体面宽和进深之比值，其中北京为1.45、上海为1.22、广州地区为1.04。

杨文杰的研究提出在传统设计流程中，应逐步形成"源参数－过程参数－目标参数"的参数传递流程，依据绿色建筑评价标准所要求的关键性参数，建立起一套覆盖若干重要建筑性能、可定量计算、可自动反馈、可智能优化的性能化建筑方案优化设计的流程。

李紫薇的研究则主要集中在绿色优化流程的设计方面，她的研究基于不同气候区几个典型绿色公共建筑的设计实践，结合部分建筑运行实测效果，对比、分析了气候适应型公共建筑在改善建筑环境性能（自然通风、自然采光等）并节约能耗的综合技术策略，研究如何与建筑空间平面设计相结合，进而总结、归纳在建筑体形、空间平面设计与节能或环境性能提升技术融合与协同推进的工作流程及经验。包括自然通风、自然采光的设计优化过程。

李紫薇的研究还初步提出了基于建筑环境性能控制的正向和反向设计流程。所谓"正向优化"指的是：首先设定优化目标，该目标可以是以节能为导向，也可以是以环境性能提升为导向；基于优化目标进行技术体系的优化和气候特征分析；最后选择该目标下适宜的主动式技术策略或被动式设计策略，从而实现正向优化的目标。

而"反向优化"指的是：首先设定优化目标（包括能耗、热舒适、环境性能指标），将建筑环境性能和节能目标作为众多建筑参数的函数，通过几何参数和性能参数的深入优化组合得到最佳的建筑性能优化结果，将该结果反馈并与最初设定的优化目标进行比较，再次调整方案并进行进一步优化，直到实现设计目标。

1.3 "环境能源效率"优化路径

本书采取"以问题为导向"的研究方法，围绕"环境能源效率"的基本内涵，针对当前我国典型公共机构办公建筑的环境能源效率现状与问题，通过建立典型行政办公楼（高度 3～5 层、24m 以下，建筑面积小于 20000m² ）的基本模型，从基本组织模式、空间组织模式、流程组织、优化平台等部分，开展环境能源效率优化设计技术的相关研究，并从功能特征、形体特征、技术特征三方面，提取该类型公共机构建筑的环境性能特征，针对这些特征，明确设计优化的边界条件，总结我国典型公共机构办公建筑的环境能源效率优化设计一般规律，并输出针对基层办公建筑的、基于环境能源效率理念的设计优化导则以及运行优化手册。

遵循图 5 所示环境能源效率优化技术路径，本书将典型公共机构办公建筑的优化过程，分解为如图 6～图 8 所示的三个部分工作：

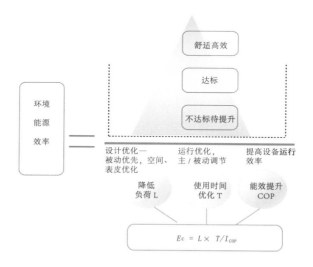

图 5 环境能源效率优化的技术路径

办公建筑的环境能源效率优化设计

A Design Guideline and Operation Handbook for Environment-Energy Efficiency Opimization on Government Owned Office Buildings

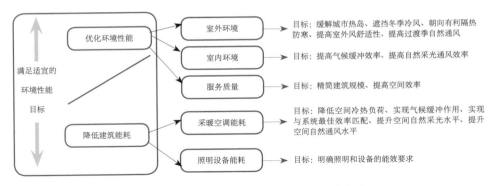

图 6 围绕"环境能源效率"构建设计策略体系

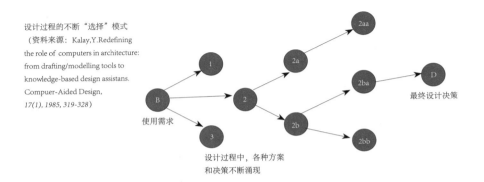

图 7 围绕设计特征提供优化辅助工具与平台

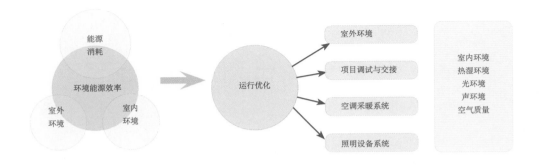

图 8 运行优化指导逻辑

第二章 典型公共机构办公建筑的能耗特征与绿色实践情况

2.1　典型公共机构（办公）建筑的能耗特征

1. 主要影响因素

办公建筑的能耗主要受以下几方面因素影响：气象条件（其对建筑能耗的影响主要体现在温湿度和太阳辐射两个方面）、围护结构（其对建筑总能耗的影响来自其保温、隔热、辐射透过性、冷风渗透等方面）、设备系统[1]、设定值、运行调节和使用者行为六方面因素。其中前三个方面属于"物理因素"，后三个方面属于"人为因素"，它们与设计的关系是：物理因素可以通过物质的"建筑空间"和"设备系统"予以物化，人为因素虽然主要通过后续的相关管理规定予以规范，但有利于人们主动采取积极行为模式的空间，依然在其中发挥重要作用，因此可以说有关"建筑空间"的设计，在影响办公建筑能耗的几个主要方面，均有能力发挥重要的作用。

2. 用能形式

在用能形式上，公共机构办公建筑多以电、天然气和城市热力消耗为主，而"无论采取反映不同能源高低品位的'折等效电法'或是传统的'折标准煤法'进行比较，电耗都是主要方面，占到60%以上"[2]。与此同时，相比于商业写字楼（尤其是档次较高的写字楼），公共机构办公楼在用能项目构成方面有三个特点：

1）通常会配备信息中心，信息机房用电较大[3]；2）普遍配备食堂；3）提供公共饮用开水，以电开水器、燃气开水器等为主（图9）。

3. 能耗分布特征

2009年相关研究显示[4]：我国大型办公建筑单位建筑面积折合为用电量平均能耗水平为$111.2\pm25.7\text{kWh/m}^2\cdot\text{a}$（其中北京数据除去了采暖能耗），办公建筑能耗构成的状况如下：

照明能耗：调研显示该项分布从 5 ～ 25kWh/m²·a 不等，耗电量可以近似用

1 对于设备系统形式来说，自然通风建筑能耗明显低于机械通风建筑能耗。而比较我国四种常见的空调系统形式：分体式空调、风机盘管加新风、定风量系统和变风量系统可以发现，分体空调的实际运行能效比最高，风机盘管加新风系统的实际运行能效比高于变风量系统，更高于定风量系统。

2 陈海波，21世纪初中央国家机关办公建筑用能现状及对策研究 [博士学位论文]. 北京：清华大学，2008，55.

3 信息机房用电普遍占各单位电耗的 25% ~40%，其中业务设备用电和机房空调耗电各约一半，不少单位机房用电已经超过空调用电成为"第一用电大户"，同时由于其工作过程往往产生大量热量，特别需要因地制宜利用过渡季或冬季空气冷源降温（在布局时，需要考虑放置在建筑自然得热少的背阴面）。

4 江亿等，中国建筑节能年度发展研究报告 2009，中国建筑工业出版社，2010，32~35.

办公建筑的环境能源效率优化设计

A Design Guideline and Operation Handbook for Environment-Energy Efficiency Opimization on Government Owned Office Buildings

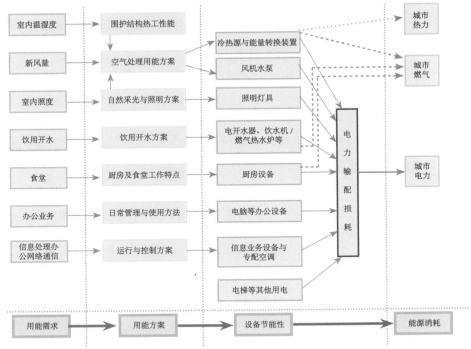

图 9 中央国家机关典型单位的建筑用能项目构成

下式表示：

耗电量 = 单位面积平均照明功率 × 面积 × 运行小时数

其中，"单位面积平均照明功率"与灯具的节能度、具体建筑的功能区比例分布有关；"运行时间"除了与工作时间安排（加班多少等）和运行习惯有关外，与建筑的自然采光水平（被动区比例、窗地比、外窗颜色、遮阳装置等）、照明系统的控制设计有关。

办公电器设备电耗：调研显示该项分布从 6 ~ 45kWh/m²·a 不等，耗电量可以近似用下式表示：

耗电量 = 单位面积平均设备功率 × 面积 × 运行小时数

其中，"单位面积平均设备功率"除了与办公自动化程度有关，还与人均办公面积有关。

建筑综合服务设备电耗：包括电热开水器、电梯、各类水泵等综合服务设备耗电量占建筑总能耗的约 5% ~ 10%。

空调系统能耗：该项能耗一般是办公类建筑比重最大的一部分，调研结果显示在 10 ~ 50kWh/m²·a 范围，通常可以划分为如下组成：

耗冷量：办公建筑耗冷量范围可到 $20 \sim 130$kWh/m²·a；影响耗冷量最重要因素包括——自然通风、部分使用情况下的调节弹性；冷机电耗：耗电量范围为 $4 \sim 28$kWh/m²·a，主要与制冷机在制冷周期内的平均 COP 有关，即与冷机的选型与搭配设计有关；冷冻水循环泵电耗：耗电量约为 $2 \sim 5$kWh/m²·a，该部分能耗主要与输配系数有关，而该系数与供冷时间长度密切相关，同时与水系统形式、水泵运行策略、水泵效率、空调末端水阀控制方式等，影响冷冻水供回水温度的输配系统设计有一定关系；空调风机电耗：耗电量约为 $1 \sim 8$kWh/m²·a，该部分能耗与空调系统送风效率（方式与功能、面积的匹配度）、建筑的新风获取途径（运行时间）密切相关；冷却水循环泵电耗：该部分耗电量约为 $2 \sim 5$kWh/m²·a，主要与运行调节有关；冷却塔风机电耗：该部分电耗仅占空调系统电耗的 $1\% \sim 3\%$，但对于冷机效率有重要影响。

特殊功能 / 设备电耗：所谓"特殊功能 / 设备"指的是信息中心、厨房餐厅等。对于政府办公建筑而言，一般配备的"信息中心"通常用能密度都远高于其他功能组分（一般为其余部分均值的 $40 \sim 60$ 倍），厨房餐厅与之类似。对于信息中心的能耗控制，在设计上应尽量保持机房的封闭性，同时选择可充分排热的装置。"厨房餐厅"则以采用高效用能设备，以及在与建筑主体连通时，做好自身的排风和送风平衡为主。总体而言，特殊功能 / 设备部分的节能处理，因其自身具有较强的独立性，应与主体建筑区别对待（表3）。

不同类型办公建筑的建筑面积耗电指标估算（kWh/m²·a）[1]　　　　表3

用电环节	中央国家机关不同类型单位的电耗指标			北京市甲级写字楼[2]
	重点单位	常规单位	较低单位	
信息机房	$25 \sim 40$	$15 \sim 20$	$5 \sim 10$	$4 \sim 15$
空调	$20 \sim 30$	$10 \sim 20$	$5 \sim 10$	40
楼内照明	$8 \sim 15$	$5 \sim 8$	$5 \sim 8$	30
办公设备	$15 \sim 25$	$10 \sim 15$	$5 \sim 10$	20
饮用开水	$3 \sim 6$	$2 \sim 5$	$2 \sim 5$	5
食堂	$5 \sim 10$	$5 \sim 10$	$3 \sim 5$	$3 \sim 10$
电梯	$5 \sim 10$	$5 \sim 10$	$3 \sim 5$	5
其他	$2 \sim 5$	$2 \sim 5$	$2 \sim 3$	5
全年总计	$80 \sim 130$	$55 \sim 80$	$30 \sim 55$	$110 \sim 130$

1 陈海波，21 世纪初中央国家机关办公建筑用能现状及对策研究 [博士学位论文]. 北京：清华大学，2008，47.
2 薛志峰，大型公共建筑节能研究 [博士学位论文]. 北京：清华大学，2005.

办公建筑的环境能源效率优化设计

A Design Guideline and Operation Handbook for Environment-Energy Efficiency Opimization on Government Owned Office Buildings

4. 基本结论

基于这样的能耗组成分项分析，可以得出公共机构办公建筑空调系统应遵循如下节能原则：

1）输配系统效率对于空调系统整体效率（并最终决定办公建筑实际能耗）的影响，高于冷机效率；

2）能否开窗并因此获得足够的自然通风，对于降低办公建筑空调电耗至关重要[1]；

3）通过合理的系统选型和控制策略，实现部分空间、部分时间环境可调，可有效降低空调系统能耗。

公共机构办公建筑适用的节能关键技术／措施　　　　　　　　　　表4

节能工作对象	适用技术	节能效果
信息机房专业空调	热管式排热装置	专业空调节电 60%（机房节电 25%）
电脑等办公设备	非工作时间关闭插座电源（管理实现）	减少"待机能耗"
"中央空调"系统	综合诊断与节能改造技术	空调系统节电 10%～30%
空调系统	分时分区灵活控制技术	定点关闭，加班申请制度（管理实现）
新风系统(办公室)	设置新风系统	通过减少"开窗开空调"降低能耗
电开水器	改进控制，改善保温	10%～25%
建筑用电系统	用能分项计量体系	间接节能贡献率 10%～20%
房间空调末端	定时控制器	—

2.2　典型公共机构（办公）建筑的使用者环境行为特征

2008 年，陈海波等人通过调研发现：公共机构办公建筑和商业办公建筑的用能特征存在一个显著差别，即：虽然机关行政办公建筑的单位面积能耗均值低于商业办公建筑，但因为人均建筑面积较大，因此换算为人均能耗后，反而高于商业办公建筑。从这个角度看，对于机关行政办公建筑的用能控制而言，以使用者人数作为规模控制和用能控制的基准，对于促进该类型建筑的环境能源效率提升，更具针对性。

---

[1] 相比正常的"关窗＋开新风机"运行模式，错误的"开窗＋不开新风机"运行模式将导致约 10 倍的新风能耗。即在上述错误的运行方式下，空调能耗约是正确方式下的 2～3 倍。（陈海波，21 世纪初中央国家机关办公建筑用能现状及对策研究 [博士学位论文]. 北京：清华大学，2008，80）。

与此同时，机关单位加班情况较普遍，但加班情况呈现时间不定、区域不定的特点，因此要求局部供冷、灵活供冷的问题普遍而突出。为此，行政办公建筑的空调系统设计，应强调局部供冷的灵活调节能力和长期运营维护的低成本，以提高系统整体的运行效率，达到节能的目的。实测数据显示：多联机空调和分体空调是行政办公建筑较适合的选择，而"中央空调"因为运行维护费用大、维护困难、单独调节困难等多方不利问题，在新建和再建项目中，需要经过充分论证后，方适宜选择。

2.3　绿色建筑关键性技术应用状况调研

2006 年我国第一部国家层面的绿色建筑评价标准出台，2008 年起，随着第一批获得绿色建筑评价标识项目的出现，我国的绿色建筑发展开始进入快车道，截至 2015 年底，我国已有约 4000 余个项目取得各类绿色建筑评价标识（包括设计标识与运行标识），总建筑面积合计约 4.72 亿 m² （图 10）。其中，绿色办公项目约占其中的 25.29%（图 11），是公共建筑绿色建筑实践的主要类型。

2011 年，叶祖达等根据参加绿色建筑评价的项目在设计标识申报阶段提交

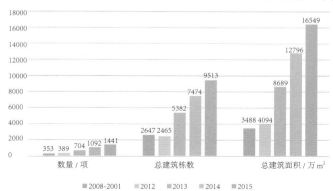

图 10　2008 年以来我国取得绿色建筑标识项目的发展状况

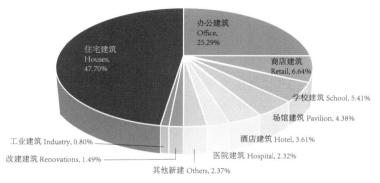

图 11　我国绿色建筑发展及绿色办公项目占比

办公建筑的环境能源效率优化设计

A Design Guideline and Operation Handbook for Environment-Energy Efficiency Opimization on Government Owned Office Buildings

的申报材料，统计了不同星级绿色公共建筑的单位面积节能量和成本效益（表5），并对常用的绿色节能技术进行了"成本效益"评估——对某单项技术每投入1元的增量成本所带来的年节能效益进行分析。在这11项常用绿色节能技术中，高效空调机组增量成本较低，技术成本效益高；高效照明已成为较普遍的技术，增量成本趋于零；太阳能热水系统应用较普遍，成本效益较高；而太阳能路灯、风力发电、蓄能设施和太阳能光伏等，成本高、成本效益较低（图12）。

不同星级公建节能量与项目成本效益[1]		表5
	平均节能量 kWh/(m² · a)	项目成本效益 kWh/(元 · a)
一星级公建	2.6	0.35
二星级公建	20.2	0.44
三星级公建	30.1	0.66

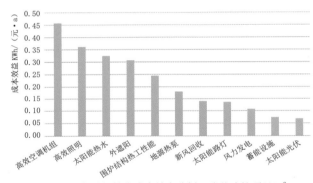

图12 绿色节能技术成本效率分析（公共建筑项目）[2]

2012年，清华大学的肖娟、林波荣等[3]以实测数据为基础，对绿色公共建筑的常用节能技术进行了调研和统计分析，得出如下结论：

1）在常用的绿色节能技术中，墙体与屋面保温、屋顶绿化、可调节外遮阳、高性能玻璃、诱导通风、设置中庭与边庭、节能高效灯具、楼宇自动化系统、热回收机组、照明分区控制等技术的应用率较高，而在可再生能源方面，除了太阳能热水系统在酒店、公寓、学校建筑中拥有一定的应用率之外，太阳能光伏、地源热泵（土壤源）、地源热泵（水源）的应用率均不高（图13）。

2）常用绿色节能技术中，实际使用效果与理论预想存在一定差异，需要在设计和使用维护阶段，做出相应调整（表6）。

1、2 叶祖达，梁俊强，李宏军，李勇，我国绿色建筑的经济考虑——成本效益实证分析，动感（生态城市与绿色建筑），2011，04.
3 肖娟，绿色公共建筑运行性能后评估研究，清华大学硕士论文，2013.

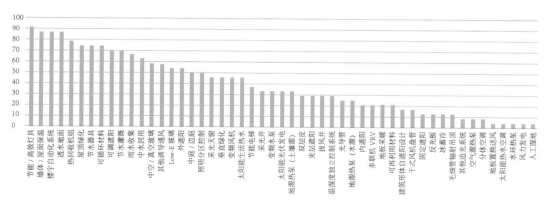

图 13 各常用绿色节能技术应用情况排行 [1]

常用绿色节能技术的适用性分析 [2]

表6

常用节能技术	优势	使用反映的问题	备注
中庭 / 边庭自然通风	利用中庭 / 边庭组织自然通风的效果（温度、层间温差等）优于机械通风方式	空调季低层温度明显低于舒适温度，体感舒适度较差；实际使用空间的自然通风效果不理想	自然通风受外窗、天窗可开启度的影响明显——实际使用中，由于室外环境噪声问题、人员生活习惯问题等，运行工况开关情况与设计不一致，可能达不到设计预期的自然通风效果
天窗自然采光	具有采光天窗的中庭、走廊自然光照条件较好	照度均匀度、防眩光等影响照明舒适度的问题考虑不足	在设计时需综合考虑采光追光系统与反光板、遮阳的集成和调节性能优化
光导管	应用于大空间采光、地下车库采光时，效果和经济性表现均良好	市场价格虚高，正常高度空间应用时，经济表现不佳	主要适用于高大空间或车库等对使用照度要求不严苛的空间
外遮阳（遮阳百叶）	调节灵活、外立面效果整洁	运行过程中故障较多，对室外空气清洁度要求较高，维护成本高，成本效益差	考虑到室外气候的适应性要求，应首先选择固定遮阳或人工调节的可调节外遮阳做法
双层皮玻璃幕墙	适用于高层建筑的自然通风组织；寒冷地区相比普通玻璃幕墙，具有较好的保温性能	造价高；浪费使用面积；夹层空间面积不够，或过多楼层串联通风，造成通风效果不佳；夹层空间未合理设计遮阳百叶，实际节能效果不佳	应在综合考虑气候适应性特点和适用建筑类型基础上，合理选择双层皮幕墙形式（分清外呼吸、内呼吸幕墙系统的适用性和相应的处理方法）

1、2 肖娟，绿色公共建筑运行性能后评估研究，清华大学硕士论文，2013.

办公建筑的环境能源效率优化设计

A Design Guideline and Operation Handbook for Environment-Energy Efficiency Opimization on Government Owned Office Buildings

续表

常用节能技术	优势	使用反映的问题	备注
屋顶/垂直绿化	技术成熟，经济性上表现优良	不恰当采用绿化墙技术，带来高昂投资和维护成本	宜结合建筑设计进行（包括围护结构的传热性能、遮阳性能），而非在建筑表面上再附加一层
地道风	降低新风负荷，节省空调系统能耗	占地大；维持地道风系统的运行，需额外增加风机；系统稳定性不佳；地道存在结露风险	在夏热冬冷地区具有较大适用性，适合具有较大地下室的工程项目
地源热泵	利用土壤换热，可以节约部分常规能源	系统效率低，输配系统能耗高；地下管埋管、换热方面容易出现问题	需要论证好建筑供暖空调系统季节热需求的平衡性；采用恰当的运行策略
外遮阳（遮阳百叶）	调节灵活、外立面效果整洁	运行过程中故障较多，对室外空气清洁度要求较高，维护成本高，成本效益差	考虑到室外气候的适应性要求，应首先选择固定遮阳或人工调节的可调节外遮阳做法
温湿度独立控制空调系统	空调能耗水平总体较低	末端存在结露风险；末端实际运行时，可能存在送风口风速分布不均等气流组织问题	温湿度独立控制的节能潜力主要体现在显热负荷部分，因此对于气候比较干燥、显热负荷构成空调负荷主要部分的地区，节能潜力较大
新风热回收	进风和排风之间产生显热或全热交换，降低新风负荷	节能效果不显著	只有当新风热回收量折合的空调系统耗电量节省量大于为了维持热回收设备运行导致的增加设施（如风机）耗电量时，热回收才是节能的
太阳能热水	降低生活热水能耗，具有良好的经济性	系统水箱冬夏两季采用相同控制模式，造成水温和热泵能源浪费	系统水箱应采用分季节控制模式；系统适宜性受辅助能源形式与安装容量的选择、辅助能源与太阳能的集成控制模式的影响
太阳能光伏	可以离线生产高品位能源	投入成本高，发电效率不理想	运行效率低，不适用于高建筑密度的城市环境

第三章 典型公共机构办公建筑环境能源效率优化设计导则

3.1 总述

1. 挑战

针对性问题，即本导则所提出的各适宜性技术体系，应紧扣公共机构——办公建筑的特征与需求；灵活性问题，即导则应解决好"标准化要求"所可能导致的"单调性"与不同情境下建筑环境能源效率提升要求"多样性"之间的矛盾。

2. 原则

基于"环境能源效率"的优化，其目标是在将典型公共机构（本导则主要针对基层办公建筑）的功能要求、绿色技术、工作流程进行系统化、标准化的基础上，在确保适宜的室内外环境性能和服务质量的前提下，进一步提高公共机构建筑节能水平。为此，本导则编制遵循如下原则：

地域性原则：根据项目所在地域的气候自然特征，遵循被动优先理念，进行相关优化设计工作；针对性原则：应用本导则所提策略，均应结合具体的项目使用功能和需求特征；灵活性原则：空间规划与技术策略的实施，应尽可能为后期使用留出必要的弹性空间，提高未来调节的可变性和灵活性；整体性原则：专业协作、流程整合是达到环境能源效率最优目标的必要前提与基本保证。

3. 框架

本导则主体由总则、术语、基本规定、通则、优化工作流程与工具平台、优化评价分值设置等部分组成，其中：

1）"总则"部分明确了对公共机构建筑设计推行"环境能源效率"优化的基本要求；

2）"术语"部分对本导则涉及的特殊用语进行了解释；

3）"基本规定"部分介绍了本导则的使用方法；

4）"通则"是本导则的主体，对公共机构建筑实现"环境能源效率"优化设计的具体策略，进行了梳理和总结；

5）"工作流程和工具平台"部分，对公共机构建筑"环境能源效率"优化所依托的 BIM 工作平台以及相关模拟分析软件的基本情况和相互对接，进行了

办公建筑的环境能源效率优化设计

A Design Guideline and Operation Handbook for Environment-Energy Efficiency Opimization on Government Owned Office Buildings

规定；

6）"设计优化辅助决策工具"部分，通过分别提供基于智能手机和个人电脑平台的辅助决策工具，为建筑师对设计过程的多方案比较、业主的项目设计方案的辅助决策，提供快捷的支撑。

4. 适用阶段

本导则主要为项目从策划阶段到设计（包括方案设计、初步设计及施工图设计）阶段的建设前期提供支撑，同时为后期施工与运营阶段提供必要的基础性支持（图14）。

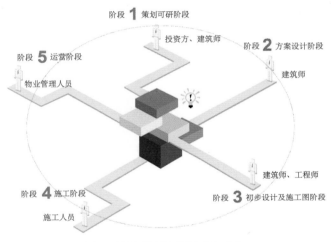

图 14 导则适用的不同阶段与群体

3.2 总则与术语

3.2.1 总则

1. 为贯彻执行节约资源和保护环境的国家技术经济政策，推进公共机构办公建筑的绿色设计、建设与运营，规范环境能源效率优化设计工作，主要参照《关于印发党政机关办公用房建设标准的通知》（发改投资［2014］2674号）、《办公建筑设计规范》JGJ 67—2006、《公共建筑节能设计标准》GB 50189—2015、《绿色建筑评价标准》GB/T 50378—2014、《绿色办公建筑评价标准》GB/T 50908—2013、《民用建筑绿色设计规范》JGJ/T 229—2010、《政府投资财政财务管理手册》等，制定本导则。

2. 本导则适用于全国乡（镇、苏木）级及以上各级机关（包括党的机关，人大机关，行政机关，政协机关，审判机关，检察机关，参公单位和工、青、妇等社会团体机关，以及各级机关组成机构、直属机构、派出机构和直属事业单位等）新建、改建和扩建办公用房工程的环境能源效率优化设计引导，医疗、教育、文化等其他类型公共机构建筑的环境能源效率优化设计，可参照本导则执行。

3. 环境能源效率优化设计应统筹考虑建筑全寿命周期内节能与建筑适宜环境性能要求之间的辩证关系，体现经济效益、社会效益和环境效益的统一。

4. 公共机构办公建筑的环境能源效率优化设计除应符合本导则外，尚应符合国家现行有关标准的规定。

3.2.2　术语

1. 建筑环境性能（Q）Building Environmental Performance

公共机构建筑项目所界定范围内的影响使用者的环境品质，包括室内环境、室外环境以及建筑系统本身对使用者生活和工作在健康、舒适、便利等方面的影响。

2. 建筑能源负荷（L）Building Energy Load

为达成相应的使用功能和环境性能，建筑项目所消耗的能源。

3. 环境能源效率 Environment Performance And Energy Efficiency

建筑所提供的服务（用环境性能表征）与所消耗的能源总量之比。

环境能源效率（η EEE）=环境性能指标（QE）/能源消耗指标（LE）

【条文说明】"环境能源效率"不是单纯的能源效率，也不是环境效益，而是环境能源的效率。它的物理意义是，以建筑为整体对象，满足环境质量需求的前提下，环境质量与能源消耗指标的比值。

4. 外围护结构节能率 Energy-Saving Rate of Building Envelope Performance

与参照建筑对比，设计建筑通过优化建筑围护结构（如建筑体形、窗墙比、围护结构热工性能等，但不包含自然通风、自然采光和其他被动式节能设计），而使采暖和空气调节负荷降低的比例。

具体计算公式如：　$\psi_{ENV} = \dfrac{Q_{ENV} - Q_{ENV,\,ref}}{Q_{ENV,\,ref}} \times 100\%$

办公建筑的环境能源效率优化设计

A Design Guideline and Operation Handbook for Environment-Energy Efficiency Opimization on Government Owned Office Buildings

其中：

Q_{ENV} —— 设计建筑的采暖、空调负荷需求，单位 kWh；

$Q_{\mathrm{ENV,\,ref}}$ —— 参照建筑的采暖、空调负荷需求，单位 kWh；

ψ_{ENV} —— 围护结构节能率。

5. 迎风面积比 Frontal Area Ratio

建筑物、构筑物在计算风向上的迎风面积与最大可能迎风面积的比值（图 15）。

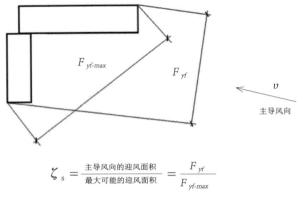

$$\zeta_{s} = \frac{\text{主导风向的迎风面积}}{\text{最大可能的迎风面积}} = \frac{F_{yf}}{F_{yf\text{-}max}}$$

图 15 迎风面积比示意

【条文说明】迎风面积是指建筑物在某风向来流方向上的投影面积，以它近似地代表建筑物挡风面的大小，当风向不变，随着建筑的旋转总能够有一个最大的迎风面积，但这个最大迎风面积不一定是实际迎风面积，所以称之为最大可能迎风面积，最大可能迎风面积是一个只与建筑物设计体量有关的量，与风向无关。

迎风面积与最大可能迎风面积之比称为迎风面积比。它是一个大于 0 小于 1 的数，当建筑物是圆形平面时近似等于 1 。迎风面积比越小对风的阻挡面越小，越有利于环境通风，回归分析发现，环境的平均风速与迎风面积比之间有较高相关度的线性关系。

6. 通风架空率 Ventilation Overhead Rate

架空层中，可穿越式通风部分的建筑面积占建筑基底面积的比率（图 16）。

【条文说明】一栋建筑的架空率等于本楼中可以穿越式通风的架空层建筑面积占建筑基底面积的比率。其中，可穿越式通风的架空层除了底层外，也包括18m高度以下各层中可穿越式通风的架空楼层的建筑面积，当一栋建筑的通风架空率大于100%时，取100%。

建筑群架空率应为各栋建筑通风架空率的算术平均值，即

$$\kappa = \frac{1}{m} \cdot \sum_{i=1}^{m} \kappa_i$$

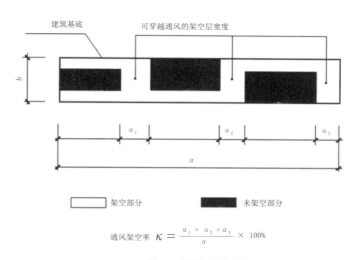

通风架空率 $\kappa = \dfrac{a_1 + a_2 + a_3}{a} \times 100\%$

图16 首层架空率示意

7. 遮阴率 Shading Coverage Rate

室外活动场所各类构筑物遮阳体和绿化遮阳体的垂直投影面积总和占场地面积的比率（%）。

8. 渗透面积比 Infiltration Area Ratio

硬化地面范围内渗透性地面面积占硬化地面总面积的比率（%）。

【条文说明】针对室外活动场地的硬化地面，由透水性材料铺装的可渗透地面面积所占的比率。渗透面积比率高则户外活动场所地面的温度较低，热辐射较小，

办公建筑的环境能源效率优化设计

A Design Guideline and Operation Handbook for Environment-Energy Efficiency Opimization on Government Owned Office Buildings

热舒适性高，场所的利用率就高，反之则差。

本导则所指户外活动场所的硬化地面是人行道、密实性广场（不含广场绿地、水体部分）、停车场 3 类，应分别计算其渗透面积比率。

9. 热岛强度 Heat Island Index

城市内一个区域的气温与郊区气象测点温度的差值，为热岛效应的表征参数。

10. 采光系数 Daylight Factor

在室内给定平面上的一点，由直接或间接地接收来自假定和已知天空亮度分布的天空漫射光而产生的照度与同一时刻该天空半球在室外无遮挡水平面上产生的天空漫射光照度之比。

11. 室内视野分析 Visibility Analysis

建筑室内各点对于室外环境的可见程度。

12. 有效通风开口面积 Effective Ventilation Area

建筑立面外窗（包括透明幕墙）开启扇的有效通风换气面积（图 17）。

无论平开窗还是上、下悬窗，外窗实际可开启面积与窗的开启角度有关，因此有效通风换气面积不按开启扇面积计算，而是按窗开启时的投影面积计算，其中，平开窗：当窗开启最大时，窗的侧向垂直投影面积；上、下悬窗：当窗开启最大时，窗的水平投影面积。

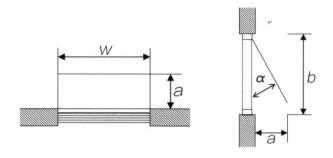

图 17 上悬窗有效通风开口面积计算示意

13. 主要功能空间 Major Function Space

承担建筑主要使用或服务功能的空间。根据《党政机关办公用房建设标准》要求，对于行政办公建筑而言，主要指办公室用房（主要包括一般工作人员办公室和领导人员办公室）和公共服务用房〔包括会议室、接待室（含行政服务中心）、档案室、文印室、资料室、收发室、计算机房、储藏室、卫生间、公勤人员用房、警卫用房等〕（图18、图19）。

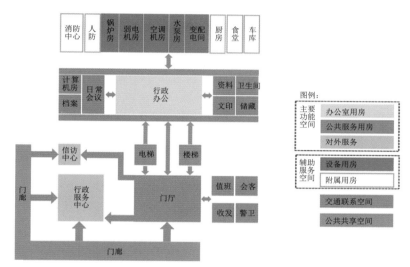

图 18 行政办公建筑功能组织模式示意

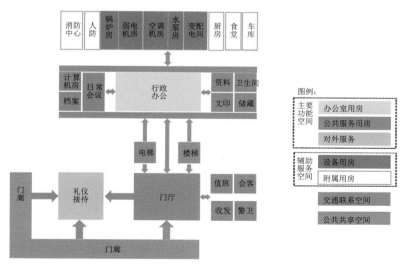

图 19 机关办公建筑功能组织模式示意

035

办公建筑的环境能源效率优化设计

A Design Guideline and Operation Handbook for Environment-Energy Efficiency Opimization on Government Owned Office Buildings

14. 交通联系空间 Link and Transport Space

建筑中承担人员与物资流动功能的空间，一般包括走廊、楼电梯、电梯厅、门厅等。

15. 辅助服务空间 Auxiliary Service Space

建筑中为建筑运行提供服务的辅助性空间，根据《党政机关办公用房建设标准》要求，对于行政办公建筑而言，主要指设备用房（包括变配电室、水泵房、水箱间、锅炉房、电梯机房、制冷机房、通信机房等）和附属用房（包括食堂、汽车库、人防设施、消防设施等）。

16. 使用面积系数 Usable Area Index

指办公建筑使用面积占总建筑面积的比例。其中"办公建筑使用面积"指的是扣除门厅、走廊、电梯厅等交通部分使用面积，和结构占用面积后的实际可使用面积。

使用面积系数 K=（办公室用房使用面积 + 公共服务用房使用面积 + 设备用房使用面积 + 附属用房使用面积）/ 总建筑面积 ×100%

17. 被动区 Passive Zone

距离建筑外墙小于 5m 或室内空间净高 2 倍的进深区域（图 20）。

【条文说明】现代建筑因为功能复杂，通常都采用大进深平面设计，对于人工照明和通风系统的依赖程度明显增强。有关研究表明：距离建筑外墙 5m 或室内空间净高 2 倍的进深区域，仍可以获得较好的自然采光和自然通风效果，因此将该区域称为"被动区"（台湾地区称为"外周区"）。对于临近中庭或围合内庭园部分，该区域的进深缩小为 1 ～ 1.5 倍室内空间净高。

3.3 基本规定

3.3.1 优化要求

1. 环境能源效率优化设计应综合考虑建筑全寿命周期的技术与经济特性，兼顾建筑的环境表现与服务品质要求，采用有利于促进建筑与环境可持续发展的场地、建筑形式、技术、设备和材料。

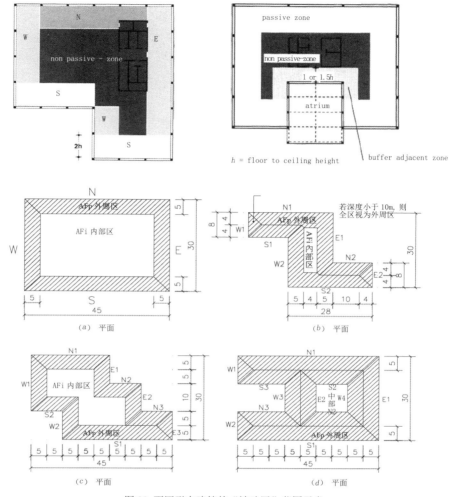

图 20　不同形态建筑的"被动区"范围示意

2. 环境能源效率优化设计应体现共享、平衡、集成的理念。规划、建筑、结构、给水排水、暖通空调、电气与智能化、经济等各专业应紧密配合。

3. 环境能源效率优化设计，应遵循因地制宜的原则，结合项目所在地区的气候、资源、生态环境、经济、人文等特点进行。

4. 环境能源效率优化设计应在设计理念、方法、技术应用等方面进行创新。

3.3.2　优化方法

1. 公共机构办公建筑设计应首先满足本导则所规定的"建筑环境性能"和"建筑能源负荷"的基本要求。

办公建筑的环境能源效率优化设计

A Design Guideline and Operation Handbook for Environment-Energy Efficiency Opimization on Government Owned Office Buildings

2. 根据具体项目特征，合理选择本导则所提出的建筑能源负荷节约策略，尽可能降低建筑能源消耗。

3. 根据具体项目的场地、功能、当地人文传统等实际状况，选择本导则所提出的建筑环境性能提升策略，在实现尽可能低的建筑能源消耗的前提下，适当提升建筑的环境性能。

4. 在不同的设计阶段，形成"建筑环境能源效率"协同优化备选方案2～3个。

5. 在优化辅助决策工具的帮助下，对不同备选方案的"建筑环境能源效率"进行计算和比较。最终根据评价比较的结果，选择并确定该阶段"建筑环境能源效率"最优的方案。

3.3.3　过程控制

1. 项目策划阶段应明确环境能源效率优化设计相关要求。

2. 方案、初步设计、施工图设计阶段的设计文件，应有环境能源效率优化设计专篇。

适用性标识图例 表7

	方案设计	初步设计	施工图设计
适用	□	▨	■
不适用	×	※	/

3. 施工图设计文件中应注明对与环境能源效率优化相关的建筑施工与建筑运营管理的技术要求。

注：通则中每个条文后均用不同标识，明确该条文的适用阶段（表7）。

3.4　建筑环境性能基本要求与提升策略

3.4.1　建筑环境性能基本要求

3.4.1.1　室外环境

1. 冬季建筑物前后风压差不大于5Pa，合理控制夏季、过渡季节建筑物前后风压差，保证室内可有效进行自然通风。□▨■

2. 环境噪声符合国家标准《声环境质量标准》GB 3096—2008的规定。□▨■

【条文说明】位于不同声环境功能区的公共机构办公建筑环境噪声等效声级限值应满足《声环境质量标准》GB 3096—2008，5.1的规定（表8）。

不同声功能区环境噪声限值 [dB(A)] 表8

功能区类别		昼间	夜间
0 类		50	40
1 类		55	45
2 类		60	50
3 类		65	55
4 类	4a 类	70	55
	4b 类	70	60

3.4.1.2 室内环境

1. 采用集中空调的建筑，房间内的温湿度、风速等参数符合国家标准《公共建筑节能设计标准》GB 50189—2015 中的设计计算要求。□▨■

【条文说明】主要功能空间的供暖空调区室内温度（表9）。

辐射供暖室内设计计算温度宜降低 2℃；辐射供冷室内设计计算温度宜提高 0.5℃～1.5℃。

在下班时间或节假日，具体设定数值（表10）：

主要功能空间的供暖空调区室内温度设定要求 表9

建筑类别	运行时段	运行模式	下列计算时刻（h）供暖空调区室内设定温度（℃）											
			1	2	3	4	5	6	7	8	9	10	11	12
办公	工作日	空调	37	37	37	37	37	37	28	26	26	26	26	26
		供暖	5	5	5	5	5	12	18	20	20	20	20	20
	节假日	空调	37	37	37	37	37	37	37	37	37	37	37	37
		供暖	5	5	5	5	5	5	5	5	5	5	5	5
			13	14	15	16	17	18	19	20	21	22	23	24
	工作日	空调	26	26	26	26	26	26	37	37	37	37	37	37
		供暖	20	20	20	20	20	20	18	12	5	5	5	5
	节假日	空调	37	37	37	37	37	37	37	37	37	37	37	37
		供暖	5	5	5	5	5	5	5	5	5	5	5	5

主要功能房间温度、湿度和风度设定要求 表10

参数	房间	冬季	夏季
温度（℃）	一般办公用房	20	25
	大堂、过厅、多功能厅、会议室	18	室内外温差≤10
风速（m/s）		0.1≤V≤0.2	0.15≤V≤0.3
相对湿度（%）		30～60	40～65

资料来源：《公共建筑节能设计标准》GB 50189-2015。

办公建筑的环境能源效率优化设计

A Design Guideline and Operation Handbook for Environment-Energy Efficiency Opimization on Government Owned Office Buildings

2. 采用集中空调的办公建筑,新风量不小于30m³/h·人,新风运行时间符合《公共建筑节能设计标准》GB 50189—2015 的设计要求。□▨■

【条文说明】根据《公共建筑节能设计标准》GB 50189-2015 的要求,办公建筑的新风运行时间应满足表 11 要求。

办公建筑新风运行时间设定要求　　　　　　表 11

建筑类别	运行时段	时间(1 为开启,0 为关闭)											
		1	2	3	4	5	6	7	8	9	10	11	12
办公	工作日	0	0	0	0	0	0	1	1	1	1	1	1
	节假日	0	0	0	0	0	0	0	0	0	0	0	0
		13	14	15	16	17	18	19	20	21	22	23	24
	工作日	1	1	1	1	1	1	1	0	0	0	0	0
	节假日	0	0	0	0	0	0	0	0	0	0	0	0

3. 主要功能空间的采光系数达到《建筑采光设计标准》GB 50033—2001 的规定。□▨■

【条文说明】依据《建筑采光设计标准》GB 50033—2013,行政办公建筑主要功能空间的采光系数标准值见表 12。

主要功能空间采光系数限值要求　　　　　　表 12

房间或场所	侧面采光	
	采光系数最低值 C_{min}(%)	室内天然光临界照度(lx)
办公室、会议室	2	100
文件整理、复印、档案室	1	50
走廊、楼梯间、卫生间	0.5	25

4. 主要功能空间室内照度、照度均匀度、眩光控制、光的颜色质量等指标满足国家标准《建筑照明设计标准》GB 50034—2013 中的有关要求。╳※■

【条文说明】依据《建筑照明设计标准》GB 50034—2013,行政办公建筑主要功能空间的照明标准值见表 13。

5. 建筑材料中有害物质含量符合现行国家标准《室内装饰装修用人造板及其制品中甲醛释放限量》GB 18580—2017、《混凝土外加剂中释放氨的限量》GB 18588—2001 的要求,放射性核素的限量符合现行国家标准《建筑材料放射性核素限量》GB 6566—2010 的要求。╳※■

6. 建筑围护结构构件空气声隔声性能、楼板撞击声隔声性能满足《民用建筑隔声设计规范》GB 50118—2010 的低限标准要求。×※ ■

【条文说明】

1）办公室、会议室隔墙、楼板的空气声隔声性能要求（表 14）。

2）办公室、会议室关键构件的撞击声隔声性能要求（表 15）。

3）办公室、会议室顶部楼板的撞击声隔声性能，应符合表 16 规定。

主要功能空间照明标准要求 表 13

房间或场所	参考平面及其高度	照度标准值	UGR	U0	Ra
办公室	0.75m 水平面	300lx	19	0.60	80
会议室	0.75m 水平面	300lx	19	0.60	80
视频会议室	0.75m 水平面	500lx	19	0.60	80
接待室、前台	0.75m 水平面	200lx	—	0.40	80
行政服务大厅	0.75m 水平面	300lx	22	0.40	80
文件整理、复印室	0.75m 水平面	300lx	—	0.40	80
资料、档案室	0.75m 水平面	200lx	—	0.40	80
门厅	地面	100lx	—	0.40	60
走廊、流动区域	地面	50lx	—	0.40	60
楼梯间	地面	30lx	—	0.40	60
自动扶梯	地面	150lx	—	0.60	60
厕所、盥洗室	地面	100lx	—	0.40	60
电梯前厅	地面	100lx	—	0.40	60

注：垂直照度不低于 300lx

办公室、会议室隔墙、楼板的空气声隔声性能要求 表 14

功能空间名称	空气声隔声单值评价量＋频谱修正量（dB）	高要求标准	低限标准
办公室、会议室的隔墙、楼板	计权隔声量＋交通（或粉红）噪声频谱修正量 R_w+C_{tr}	＞50	＞45

办公室、会议室关键构件的撞击声隔声性能要求 表 15

构件名称	空气声隔声单值评价量＋频谱修正量（dB）	
外墙	计权隔声量＋交通噪声频谱修正量 R_w+C_{tr}	≥45
临交通干线的外窗	计权隔声量＋交通噪声频谱修正量 R_w+C_{tr}	≥30
其他外窗	计权隔声量＋交通噪声频谱修正量 R_w+C_{tr}	≥25
门	计权隔声量＋粉红噪声频谱修正量 R_w+C	≥20

办公建筑的环境能源效率优化设计

A Design Guideline and Operation Handbook for Environment-Energy Efficiency Opimization on Government Owned Office Buildings

办公室、会议室顶部楼板的撞击声隔声性能　　　　　　　　　　表 16

构件名称	撞击声隔声单值评价量			
	高要求标准		低限标准	
	计权规范化撞击声压级 L_{n+w}（实验室测量）	计权标准化撞击声压级 L'_{nT+w}（现场测量）	计权规范化撞击声压级 L_{n+w}（实验室测量）	计权标准化撞击声压级 L'_{nT+w}（现场测量）
楼板	< 65	$\leqslant 65$	< 75	$\leqslant 75$

3.4.1.3　服务质量

1. 建筑入口和主要活动空间设有无障碍设施。□▨▩■

【条文说明】公共机构入口和主要活动空间应设无障碍设施，并应符合下列要求：

1）一层以上公共建筑至少应设置一部无障碍电梯；

2）无障碍卫生间厕位应按照卫生间大便器总量 1/50 配建，总厕位少于 25 个时，应按照 1 个残疾人厕位配建；

3）公共区域应设置无障碍标识。

2. 建筑智能化系统定位合理，配置应满足《智能建筑设计标准》GB/T 50314—2015 对办公建筑智能化系统的基本要求。×▨▩■

【条文说明】智能化系统设计参照《智能建筑设计标准》GB/T 50314—2015、《智能建筑工程质量验收规范》GB 50339—2013 的相关要求。智能化各子系统建设中，应采用先进、成熟、实用的技术。系统集成应根据具体工程的不同需求，将相关的子系统有机地结合起来，而不是把各子系统的功能简单的堆砌。

3.4.2　Q1 室外环境

公共机构项目在进行场地设计之前，需对场地所涉及的物理环境进行全面评估（图 21）。宜尽量结合现状气候及地形条件，在满足设计要求的基础上，创造更为有利于提高建筑"环境能源效率"的室外微气候环境。

3.4.2.1　Q1-1 场地热环境

【目标】优化太阳能利用条件，降低场地城市热岛效应。

Q1-1-1 阳光通道

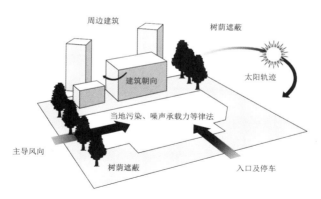

图 21 室外环境分析要素示意
资料来源：英国屋宇设备工程手册

【目标】结合建筑功能特征与场地形态、区域气候特点，通过合理的建筑总平面布局，实现夏季的有效自遮阳和冬季最佳的阳光利用。

【措施】在布局方案阶段，进行夏、冬及过渡季场地日照阴影分布分析，以确定最有利于太阳利用的布局方案。□▨▨█

【分析评价方法】在概念方案设计阶段，对场地周边建筑进行建模处理，计算场地的最大日照体积范围，判断新设计建筑形体与最大日照体积范围的重合度。

【条文说明】积极利用阳光的场地设计主要关注整合被动式采暖和太阳能利用系统、阳光花园，以及寒冷季节室外场地的积极利用。研究表明在冬季，90% 的太阳能量发生在上午 9 点到下午 3 点的时段，建筑及其场地应尽可能布置在这一时段的周边建筑的阴影区外，以确保获得充足的日照。决定阳光通道的方法包括：

公式推导——通过日照公式计算出可获得充足日照的最佳区域；

数字建模——运用 3D 数字技术计算周边建筑和植被的阴影范围，计算出日照阴影包络线，得出最大日照体积范围（图 22）。

图 22 日照最佳区域与方案设计对应示意

办公建筑的环境能源效率优化设计

A Design Guideline and Operation Handbook for Environment-Energy Efficiency Opimization on Government Owned Office Buildings

Q1-1-2 下垫面材料

【目标】通过采用低太阳辐射吸收系数面材的应用，降低场地对直接太阳辐射的吸收能力，从而控制公共机构室外环境出现局部地表高温，提高室外活动空间的热舒适感，有助于建筑的节能。

【措施】

1. 超过 70% 的建筑外墙和屋顶、超过 70% 的建筑红线内道路采用太阳辐射反射系数不低于 0.4 的材料。× ▓▒ ▓

【条文说明】建筑立面（非透明外墙，不包括玻璃幕墙）、屋顶、地面、道路采用太阳辐射反射系数较大的材料，可降低太阳得热或蓄热，降低表面温度，达到降低热岛效应、改善室外热舒适的目的。常见的普通材料和颜色的反射系数见表 17。

常见的普通材料和颜色的反射系数　　　　　　　　表 17

面层类型	颜色	太阳辐射反射系数
草地	绿色	0.20
乔灌草复合绿地	绿色	0.22
水面	—	0.04
普通水泥、透水砖、植草砖	灰色	0.26
普通地砖	深灰	0.13
透水沥青	深灰	0.11
浅色涂料	浅黄、浅红	0.50
红涂料、油漆	大红	0.26
棕色、发色喷泉漆	中棕、中绿色	0.21
石灰或白水泥粉刷墙面	白色	0.52
水刷石墙面	浅色	0.32
水泥粉刷墙面	浅灰	0.44
砂石粉刷面	深色	0.43
浅色饰面砖	浅黄、浅白	0.50
红砖墙	红色	0.22 ～ 0.3
混凝土砌块	灰色	0.35
混凝土墙	深灰	0.27

注：主要数据参考自《城市居住区热环境设计标准》JGJ 286—2013、《民用建筑热工设计规范》GB50176—2016。

2. 地面停车比例≤30%。□▨▩

【条文说明】通过减少地面停车比例，压缩硬质铺装占室外场地的比例，降低区域城市热岛效应。

3. 非机动车道路、地面停车场和公共广场采用透水铺设，透水铺设地面面积占上述铺地面积比率不应小于50%（表18）。□▨▩

地面的渗透与蒸发指标下限 表18

	渗透面积比率 β(%)	透水系数 k (mm/s)	蒸发量 M (kg/m²d)
人行步道	60		
广场	50	3	1.8
停车场	70		

【条文说明】确保户外活动场地和行人道路地面应有雨水渗透与蒸发能力是密实性地面被动降温的有效措施之一。各种研究文献表明，夏季因硬化地面而带来的局部环境过热，密实性广场活动空间因接受太阳辐射形成的地表高温，可导致上部局部空间的热岛强度达到3℃～5℃，地面逆向热辐射强烈，硬化地面的长波热辐射强度最高可达200～400W/m²，使用者出行时往往可以撑伞遮阳但无法躲避地表高温的长波热辐射，严重影响了户外活动，增加了室内滞留时间，一定程度地加剧了建筑的空调能耗。研究也表明，单位面积的硬化地面造成的环境过热后果需要若干倍面积的绿地才能消除。

雨水渗透地面是雨水利用的重要组成部分，无渗透能力的地面降雨季节易于积水，雨水径流通过雨水井排入雨水管道，也增加城市排洪压力，不能补给地下水，不利于自然水体循环，更重要的是无渗透能力的地面夏季因日晒和高温空气加热，地表温度过高，测试表明，普通沥青、水泥、陶瓷面砖以及各种石材地面，夏季太阳辐射后的地面温度高达45℃～65℃，而渗透性地面因含水蒸发冷却效应地表温度可以下降5℃～25℃，地面的长波辐射强度明显下降，人体热舒适感提高。因此，本条文规定了活动场所或道路应该采用这项降温技术，并规定了关键性指标限值。

保证地面降温效果的关键因素是其应具备足够的蒸发能力，蒸发量的大小可反映这种能力，蒸发量大的地表降温效果显著。因此本条文规定了渗透地面的蒸发量限值，这一限值是根据对近年来国内自主生产的透水性地面材料如透水性沥青、透水性地面砖，利用动态热湿气候风洞实验检测方法普测结果确定的。规定这一限值

办公建筑的环境能源效率优化设计

A Design Guideline and Operation Handbook for Environment-Energy Efficiency Opimization on Government Owned Office Buildings

的另一个目的，是为了限制不具备降温能力的地面做法，类似于普通水泥路面砖锁扣式铺装路面就是一种典型的透水但不降温的做法。

只对铺装地面材料规定限值是为了确保地面应有最基本的渗透和蒸发能力，如采用锁扣形式铺装则渗透和蒸发效果会更好，保守起见，也是为了方便设计，不对地面砌筑形式做规定。不对地面的保水性做出规定，是因为这一指标不能反映地面的降温能力，即受材料毛细作用影响，保水性与蒸发量不成比例。

4. 新区建设绿地率不小于30%，旧区改造绿地率不小于25%。对于近地面的室外活动，在不妨碍下垫面功能的前提下，宜铺设草坪作为改善局部热环境的选择。□▨■

【条文说明】通过测试分析，在太阳辐射较强的夏季白天，草坪对热环境有较明显的降温作用，影响高度约为 0.8～1.0m，因此种植草坪有利于近地面的降温效果。此外，草坪上方温度分布与风速有一定关系。风速越小，垂直温度波动越小，风速达到 1.5～1m/s 以上时，垂直温度波动较大。从增湿的效果上看，与水泥地相比，草坪的增湿效果明显，相对湿度平均增加约10%。

尽管这一指标更多是用于居住区的评价，但是在基层行政办公这样的社会公共服务类建筑中，我们仍然希望鼓励通过设计留出更多的绿地，用于室外环境营造和为未来发展留出余地，同时改善局部的室外热环境。

Q1-1-3 场地遮阴

【目标】通过设施、景观、植被对直射阳光的遮蔽，减少场地及建筑表面的直接太阳辐射得热；通过景观水体的蒸发或植被叶面的蒸腾作用，实现区域的自然降温。

【措施】

1. 环境遮阳方式应优先采用乔木类绿化遮阳，或应采用庇护性景观（亭、廊或固定式棚、架、膜结构等）的设施遮阳，或应采用绿化和设施混合遮阳方式，场地硬质地面遮阴率应大于30%（图23～图25）。✕ ▨■

【条文说明】绿化遮阳主要是以乔木为主，依靠乔木冠幅在地面形成阴影；设

图 23 人行道遮阳形式

图 24 停车场遮阳

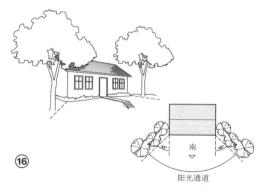

无论常绿乔木或落叶乔木都应栽种在建筑南墙东西墙头的 45° 方位角以外的区域

图 25 植被遮阳示意

施遮阳主要是依靠庇护性景观设施，如亭、廊或固定式棚、架、膜结构等，为地面提供阴影；混合式遮阳一般是采用爬藤类植物和景观构架相结合的方式为地面提供阴影。

在空气温度高、湿度大的情况下，有效遮阳成为提供人员热舒适的重要手段之一。地面遮阳率不低于 30% 时，可以提供良好的室外热舒适。

2. 在条件许可的地区，公共机构建筑宜采用垂直与屋顶绿化等立体绿化措施。□▨▉

3. 在建筑南向，宜种植大型落叶乔木，以兼顾夏季遮阳和冬季阳光引入的

办公建筑的环境能源效率优化设计

A Design Guideline and Operation Handbook for Environment-Energy Efficiency Opimization on Government Owned Office Buildings

需要。对于适宜利用被动式太阳房原理进行采暖的地区，南向植被设置位置需考虑减少对南向阳光的遮蔽（图26）。□▨■

4. 建筑西侧宜选择适宜的本土植被，为减轻西晒提供遮蔽（图27）。□▨■

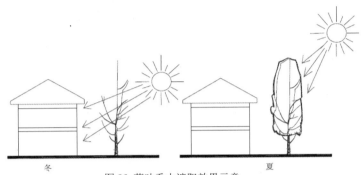

图26 落叶乔木遮阳效果示意

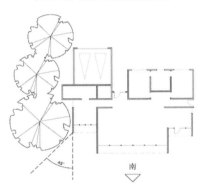

图27 减轻西晒的植被设置示意

3.4.2.2　Q1-2 场地风环境

【目标】提高场地自然通风效果，为建筑自然通风营造良好外部环境。

Q1-2-1 总平面布局

【目标】根据区域气候特征，营造最有利的室外风环境效果。

【措施】

1. 合理设计通风路径。□▨■

【条文说明】通风路径指的是为了提高建筑自然通风潜力，而对通风引入设置的针对性室外开放空间，如室外空间、建筑庭院应至少设计出两个开口，且开口方

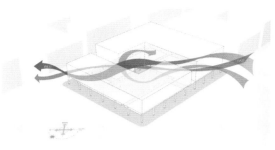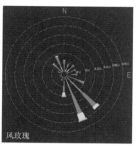

图 28　主导风向与庭院开口设置关系

向与夏季主导风向保持一致（图 28）；功能合理的情况下进行架空设计；对于体形过长的建筑进行断开处理等。

2. 在容积率需要保证的情况下，宜适当降低建筑密度，提高通风效果。□▨▨■

【条文说明】一般城市规划过程中，对人口承载力的满足要求保证一定的容积率。在容积率一定的前提下，建筑密度和建筑平均高度成反比关系。研究表明，组团平均风速与建筑密度呈很强的负相关性，建筑密度每增加 10%，平均风速将降低 0.1m/s，因此在容积率一定的前提下，推荐采用稀疏布置的建筑形式，有利于提高区域环境的自然通风效果。

Q1-2-2 建筑形态

【目标】通过合理的建筑形态塑造，形成有利于实现自然通风的室外风环境条件，同时提高室外空间的舒适水平。

【措施】

1. 群体布局的建筑迎风面积比应小于等于 0.7。□▨▨■

【条文说明】建筑群的迎风面积比是决定通风阻塞比的关键参数，而通风阻塞比与组团内的平均风速有良好的相关性，是决定建筑群风环境好坏的关键性参数，按迎风面积比的规定性指标要求设计，是保证建筑群达到风速要求和热岛强度控制要求的基本前提。

2. 遵循如下原则，对建筑体形组合进行通风优化设计。□▨▨■

在温和地区、夏热冬暖、夏热冬冷地区，单栋建筑，建筑形体布局宜将高

办公建筑的环境能源效率优化设计

A Design Guideline and Operation Handbook for Environment-Energy Efficiency Opimization on Government Owned Office Buildings

大体形部分（如主楼），布置在夏季与过渡季主导风向的下风向，将低矮体形部分（如裙房），布置在夏季与过渡季主导风向的上风向；对于组团建筑，应将组团开口开向夏季与过渡季主导风向，并使其可以穿过整个庭院。

在严寒、寒冷地区，应将较高层建筑背向冬季寒流风向，减少寒风对中、低层建筑和庭院的影响；对于组团式建筑形态，应合理选择封闭或半封闭周边式布局的开口方向和位置，提高建筑群的组合避风效果。

【条文说明】应充分利用高大体形的挡风作用，夏季与过渡季沿着空气的流向，采用先低矮体形、再高大体形的布置形式，做到自然风资源的梯级利用；将高大体形置于冬季冷风来流方向，发挥其阻隔冷风的作用（图 29）。

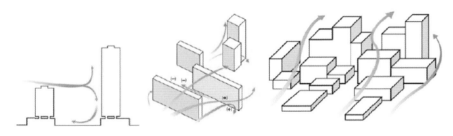

图 29 建筑高低错落布局形态示意

3. 在温和地区、夏热冬暖、夏热冬冷地区，宜推广采用首层架空的建筑形式，在增加行人活动空间的同时，提供必要的通风可能性，提高通风性能。严寒、寒冷地区地块最北侧建筑出于冬季防风考虑，不宜采用首层架空形式。□▨■

【条文说明】炎热气候下不仅仅是关系到热安全和热舒适性的问题，还关系到区域的公共健康安全，特别近年来频繁发生的各类重大传播性疫情，公共场所的卫生安全问题日益受到关注，从各国的预防和应急预案可以看出普遍的共识，就是公共场所的通风扩散是流行病预防和应急的有效措施。强调建筑户外活动场所的风环境质量，以保证建筑物自然通风扩散的条件。因此，对于争取建筑夏季自然通风应是至关重要的问题。

故本导则推荐首层架空的建筑形式，且建筑的开口应朝向夏季主导风向，行列

图 30 低层通风架空形式狭长建筑的通风架空

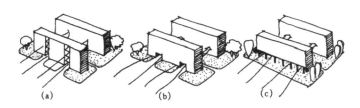

图 31 建筑物设通风口以促进自然通风的做法

式院落应沿着主导风向布置，以争取院落的自然通风；对于建筑挡风作用来看，吹过建筑物的风会在建筑物背后的活动场地上形成一个弱风区域，也称为紊流区，也形象称为风影区（图 30）。研究表明，通常这个弱风区长度（风影长度）是单位建筑宽度的 2 倍，例如对于多层的条式建筑，当建筑长度从 20m 增大到 80m 时，其背后的弱风区长度（风影长）相应从 40m 增大到 75m，大大超过了建筑前后排的日照间距。通常来说，建筑的间距往往小于这个风影长度间距，底层使用空间的通风条件会受到前排建筑风影的影响。考虑到建筑超过 80m 的建筑长度上也必须设置人行通道，故取 80m 作为是否架空的判断条件。当开敞型院落式组团的开口背对夏季主导风向，或当建筑物长度超过 80m 时，该建筑底层的通风架空率不应小于 10%，或在高度 18m 以下各层累计的通风架空率应不小于 20%（图 31）。出于冬季防风角度，严寒、寒冷地区地块最北侧建筑，不宜采用首层架空形式。

4. 建筑物的主立面应以一定夹角迎向夏季主导风向。□▨▓

【条文说明】利用穿堂风进行自然通风的建筑，其迎风面与夏季主导风向宜成 60°～90° 角，且不应小于 45° 角。

Q1-2-3 景观调节

【目标】通过景观设计，优化场地风环境。

办公建筑的环境能源效率优化设计

A Design Guideline and Operation Handbook for Environment-Energy Efficiency Opimization on Government Owned Office Buildings

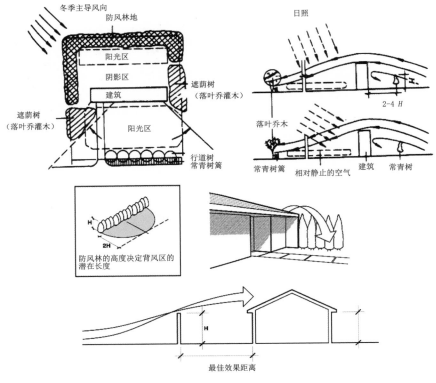

图 32 冬季利用植物防风

【措施】

1. 应通过设置防风墙、板、防风带等景观挡风措施，来阻隔冬季冷风对场地和建筑的直接侵袭（图 32）。□▨▓■

【条文说明】在严寒和寒冷地区可以考虑以挡风墙、堆景的做法，控制冬季主导风对建筑区域局部风环境的影响；夏季可以利用景观挡墙等做法为局部活动场所导风。以实体围墙作为阻风措施时，应注意防止在背风面形成涡流。解决方法是在墙体上作引导气流向上穿透的百叶式孔洞，使小部分风由此流过，大部分气流在墙顶以上空间流过。

风屏障的有效遮蔽宽度一般为屏障高度的两倍，在确定风屏障设置位置时，需充分考虑。

2. 建筑区域围墙应能通风。当围墙密实部分高度超过 1 m 时，围墙的可通风面积不小于 40%。×※■

3.4.2.3 Q1-3 场地声环境

Q1-3-1 控制噪声源

【目标】控制噪声源。

【措施】

1. 规划设计前应对环境及建筑内外的噪声源，做详细的调查与测定，并从功能区的划分、绿化与隔离带的设置、有利地形和建筑物屏蔽的利用、建筑物的防噪间距、朝向选择及平面布置等作综合考虑。□▧■

2. 场地内不得设置未经有效处理的强噪声源。□▧■

Q1-3-2 设置声屏障

【目标】有效阻隔噪声传播。

【措施】

1. 建筑相邻高速公路或快速路，临道路一侧退后用地红线距离小于 15m，或相邻城市干道，临道路一侧退后用地红线距离小于 12m 时，应进行噪声专项分析。□▧■

2. 合理设置声屏障措施。□▧■

3. 合理应用景观设计，营造良好场地声环境。□▧■

【条文说明】绿化的降噪效果与树种搭配、种植方式、季节和绿带宽度等有关。单一的乔木林，噪声衰减大约为 1dB/10m；由乔、灌、草搭配的郁闭度大的绿化带噪声衰减可以达到 2 ～ 3dB/10m（图 33）。

快车道
发射 71dB(A)
68(昼) - 65(夜)
绿灌
分车带绿地 慢车道 人行道
30m 宽路旁绿地
5m
50dB(A)
53(昼) - 50(夜)

图 33 复合绿化与交通噪声屏蔽

3.4.2.4 Q1-4 场地人文环境

【目标】场地设计时应充分考虑当地人文传统与生活特征，应营造吸引人参与的宜人室外环境。

【措施】

1. 公共机构建筑风格应与地域风格协调，应融合地域建筑特征，并且应适

办公建筑的环境能源效率优化设计

A Design Guideline and Operation Handbook for Environment-Energy Efficiency Opimization on Government Owned Office Buildings

当运用当地材料。□▨■

2. 公共机构室外景观设计应优先使用本土植物，本地植物指数≥0.7。
×※■

3. 设置对外开放的外廊、半室外空间、过渡空间、广场、公共绿地等共享场所。
□▨■

3.4.3　Q2 室内环境

【目标】通过选择最优朝向、合理选择房间进深、控制系统运行时间等手段，最大化利用日光，减少夏季热量（从而避免或最小化使用空调）和冬季热量损失；利用自然通风，提高室内空气品质；合理使用噪声控制手段，提高建筑声环境质量。

【条文说明】在建筑的诸朝向中，北向一般很少获得太阳照射；东向与西向在太阳高度角很低时，很难通过固定设施，实现对过热直射阳光的有效遮蔽；南向在太阳光照的稳定性、质量和遮挡难度等方面，均具有较大优势。所以在项目的早期决策阶段，应通过运用动态热环境模型，合理地设计建筑朝向及控制房间进深，以达到有效利用太阳能源、节约建筑能耗的目的。

3.4.3.1　Q2-1 热环境

【目标】创造均匀的室内空间热舒适环境。

【措施】

1. 通过合理的进深和空间分隔设计，提高建筑"被动区"比例，公共机构办公建筑的"被动区"比例宜≥50%。□▨■

【条文说明】根据台湾地区的相关研究，当"被动区"比例（空调区中"被动区"部分建筑面积与空调区总建筑面积的比值）不小于0.5时，将由于自然通风可能性的提升，而对降低建筑的空调系统负荷，带来显著影响。因此本导则作出如上规定，并鼓励达到更高的比例。

2. 标准层的进深超过5m时，应进行空调分区，不同分区设置独立的送、回风系统，可根据房间的负荷变化调节送风量及新、回风比。□▨■

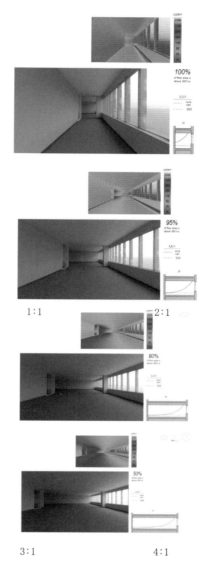

1:1

2:1

3:1

4:1

图 34 不同空间进深的自然采光效果对比图

3.4.3.2 Q2-2 光环境

【目标】合理控制建筑进深，最大限度利用天然采光，提高室内采光和视野舒适性。

【措施】

1. 主要功能空间进深与室内净高比宜≤2，不应＞3。□▨■

办公建筑的环境能源效率优化设计

A Design Guideline and Operation Handbook for Environment-Energy Efficiency Opimization on Government Owned Office Buildings

【条文说明】建筑天然采光环境优化受建筑朝向、平面进深（最深处至外墙采光边缘不宜大于7m）、平面长宽比、平面组合关系、窗墙比等要素影响。主要功能空间应尽可能接近建筑外缘以获得自然采光。

控制适宜的进深与净高比，首先是争取自然采光的需要，同时也与室内的视觉舒适度有紧密关系。尽管理论上，确保大部分室内空间可以获得直接自然采光的进深净高比为2:1，但从模拟分析结果看，当这个比值控制在3:1时，仍可获得较高的视觉舒适度，同时兼顾更大的空间使用效率和灵活度，当比值超过3:1后，室内自然采光的达标率将进一步下降，同时由于暗部与亮部的反差加剧，使用者会出现明显的视觉不舒适感，而需要通过窗帘调节获得新的平衡，从而增加了对人工照明的需求，带来照明能耗的增加，因此，综合考虑行政办公建筑的功能特点，本导则建议最佳的控制比值为2:1（图34）。

2. 主要功能空间室内视野比不小于60%。□▨■

【条文说明】建筑环境性能评价（BPE）研究成果显示：更多的室外视野对于提高建筑使用者的工作效率、身体健康程度均具有积极影响，如现代办公室大量地使用办公自动化设备，办公人员很容易出现眼睛疲劳现象，办公空间因而需要更多的可看到室外的外窗或公共空间，工作人员通过眺望与相互交流，缓解紧张情绪，恢复工作效率。

公共机构办公建筑宜优先保证工作状态时的视野需求，人处于坐姿时的视线高度为1.2m，为了避免对视线造成不必要的遮挡，内部空间中朝向室外方向的隔断可采用透明材料与可调的百叶或窗帘，以兼顾视野与私密性的要求。

3. 主要功能空间照明采用防眩光措施面积比不小于50%。×※■

【条文说明】强烈的眩光会使室内光线不和谐，使人感到不舒适，容易增加人体疲劳，严重时会觉得昏眩，甚至短暂失明。

3.4.3.3　Q2-3 室内空气质量

【目标】通过房间进深控制、适当的开窗设计、精细化分区、新风末端、CO_2 监测、新风补给等策略，并利用室内通风模拟软件如 Phonenics 、ContamW 等对通风模型（airflow modeling）与热模拟模型（thermal modeling）进行

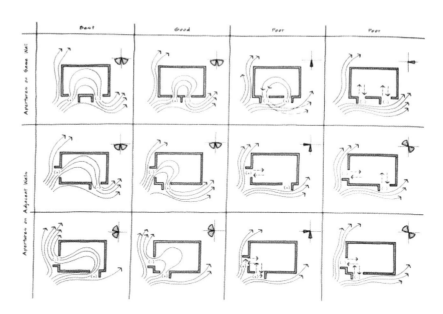

图 35 不同开窗方式的选择示意

耦合计算，调整方案空间布局，使主要功能空间的 CO_2 浓度与换气次数达到相应规范要求。

【措施】

1. 应根据需要自然通风的季节主导风向特征，恰当设置窗口位置和导风装置，确保在过渡季典型工况下，不少于 60% 的主要功能房间的平均自然通风换气次数不应低于 2 次 /h（图 35）。□▨▩

【条文说明】《办公建筑设计规范》JGJ 67—2006、《公共建筑节能设计标准》GB 50189—2015、《绿色办公建筑评价标准》GB/T 50908—2013 等既有规范中，为提高办公用房的自然通风效果，均对用房的"窗地比"或"通风开口面积比"提出明确要求，但是在实践中，我们发现窗地比仅是为实现自然通风提供了必要的物理条件，但是实际的通风效果受朝向、开窗方式、导风措施等多种因素影响，因此需要提出更为性能化的控制指标，以确保办公用房获得更良好的自然通风效果。本导则提出的自然通风次数核算，可以在方案阶段即在相关模拟软件的辅助下，进行相关方案优化、比选和甄别，对于通过自然通风提升建筑室内空气质量水平，有更为直接的引导作用。一般认为过渡季典型工况下主要功能房间平均自然通风换气次数

办公建筑的环境能源效率优化设计

A Design Guideline and Operation Handbook for Environment-Energy Efficiency Opimization on Government Owned Office Buildings

不小于 2 次 /h 的面积占主要功能房间总面积的比例不应低于60%，该比例越高，自然通风效果越理想。

2. 集中空调系统的多功能厅、报告厅、大型会议室等人员密度变化相对较大房间，宜设置二氧化碳监测装置，并与新风、空调系统联动运行。× ▨■

3. 在复印、打印室等有化学物质使用的地方，应用封闭隔墙隔开并设置单独的室外排风，排风量指标不低于$9m^3/h \cdot m^2$，并维持不少于5Pa 压力的负压状态，排风应直接排到室外。□ ▨■

3.4.3.4　Q2-4 室内声环境

【目标】在采取合理的消声措施、隔声性能控制措施后创造良好舒适的室内声环境；对特殊空间进行声环境设计。

【措施】

1. 在平面总体布局阶段，合理采用降噪优化策略。□ ▨■

【条文说明】通过空间布局设计优化，是实现降噪的最佳途径，常见的降噪优化策略包括：噪声源所在房间不应与噪声敏感或声环境质量要求高的房间左右或上下相邻布置；可能的情况下，利用对噪声不敏感的建筑物或办公建筑中的辅助用房遮挡噪声对办公用房的影响；走道两侧布置噪声敏感或声环境质量要求高的房间时，相对房间的门宜错开设置。

2. 采用低噪声型设备，如低噪型送风口与回风口等，并通过对其位置、风量、风速等进行优化的技术手段，尽可能降低其噪声水平。× ▨■

3. 噪声源采用合理的降噪措施。×※ ■

【条文说明】具体措施包括：为机组、机房设置声音屏障栏、隔声罩、隔振支架、隔振橡胶垫等措施；对可能产生噪声的房间做吸声与隔声处理；对空调风道、水管等可能传导噪声的部位，设置消声弯头、扩张式消声器、消声软管，或调整位置，采用隔振吊架、隔振支撑、软接头、连接部位的隔振施工等措施（图36）；建筑采用轻型屋盖时，屋面宜采用铺设阻尼材料、设置吊顶等措施防止雨噪声（图37）。

4. 进行合理的隔噪设计。×※ ■

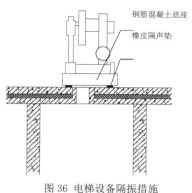
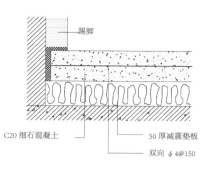

图 36　电梯设备隔振措施　　　　　　　图 37　电梯机房楼板隔声构造

【条文说明】具体措施包括：相邻的主要功能房间之间的隔墙应延伸到吊顶棚高度以上，并与承重楼板连接，不留缝隙；对穿越房间的孔洞、缝隙和连接处，应采用相应的密封隔声措施；走廊、较大空间的墙面和顶棚（如办公室、会议室）宜结合装修，使用降噪系数（NRC）不小于 0.4 的吸声材料。

5. 电视、电话会议室及普通会议室等对声环境质量有特殊要求的空间，其空场 500 ～ 1000Hz 的混响时间宜符合表 19 要求。✕※■

3.4.4　Q3 服务质量

特殊空间的混响时间要求　　　　　　　　　　　　　　　　表 19

房间名称	房间容积（m³）	空场 500 ～ 1000Hz 混响时间（s）
电视、电话会议室	≤ 200	≤ 0.6
普通会议室	≤ 200	≤ 0.8

资料来源：《民用建筑隔声设计规范》GB 50118—2010。

3.4.4.1　Q3-1 功能性

【目标】针对公共机构的实际使用需求，确定恰当的功能组成、适宜的规模、便捷的流线、健康的环境，提高空间的使用效率。

【条文说明】平面设计指的是功能组织设计、交通流线组织等。其中主要功能空间面积满足相关规定要求，各部分流程组织合理，面积比例适宜。应结合所在区域气候特征、基本使用功能需求，以及这些功能对天然采光、温湿度控制要求、活动发生时序和频率等因素，综合确定合理的布局形式。

办公建筑的环境能源效率优化设计

A Design Guideline and Operation Handbook for Environment-Energy Efficiency Opimization on Government Owned Office Buildings

Q3-1-1 适宜的规模

【目标】通过明确适宜的建筑规模，减少由空间浪费带来的能源消耗。

【措施】建筑规模控制满足相关标准要求。□▩■

【条文说明】有关研究表明，同一气候区的不同类型建筑，其规模与能耗均呈现较强的相关性，因此对于公共机构建筑而言，确定合理的功能使用标准（包括面积、布局、功能配备、流线要求等），是最有效的基础节能手段之一。

1. 行政办公建筑的功能组成

根据《党政机关办公用房建设标准》要求，机关行政办公建筑功能空间主要包括：办公室用房（主要包括一般工作人员办公室和领导人员办公室）、公共服务用房（包括会议室、接待室、档案室、文印室、资料室、收发室、计算机房、储藏室、卫生间、公勤人员用房、警卫用房等）、设备用房（包括变配电室、水泵房、水箱间、锅炉房、电梯机房、制冷机房、通信机房等）和附属用房（包括食堂、汽车库、人防设施、消防设施等）四类，未列入的其他特殊业务用房，需要单独审批和核定标准。其中本导则所说的"主要功能空间"主要指办公室用房、公共服务用房；"辅助服务空间"则指的是设备用房和附属用房。在细节安排上，以下几类功能通常比较重要：

办公室用房——按照部门组织关系及日常行政工作需要设置，部门间的安排存在一定的逻辑关系。

公共服务用房中，面积规模占比比较大的是"日常会议"部分：

日常会议——是一种交流信息，相互影响的重要工作方式。会议部分按功能可以分为一般会议、新闻发布、信息发布空间、多功能会议空间等。

需要说明的是在"公共服务用房"中，除了对内服务的部分外，对外服务的部分，由于与公众接触最多，同时也是行政服务的主要展示窗口，因此在行政办公建筑中的地位在不断提升。其中最重要的两个部分是：

日常事务——实际上是将传统办公空间中专门与公众沟通的部分机构集中设置，共同组建成行政服务中心，为公众的日常事务提供一站式服务。

信访中心——接受市民的投诉和建议，接待市民来访的工作部门。

附属用房——是保障政府机关团体工作的相关服务设施，以往国内的机构设置中有专门的机关事务管理部门负责此类工作。一般的功能包括供应、住宿、餐饮、娱乐、休息等。在当前的"后勤社会化"趋势和"简政"新要求下，该部分功能已经逐步简化。

2. 行政办公建筑主要功能的组织模式（图38、图39）

3. 行政办公建筑规模的确定

本导则所提出的规模限定标准，主要依据为国家发展改革委、住房城乡建设部发布的《关于印发党政机关办公用房建设标准的通知》（发改投资〔2014〕2674号）（以下简称"通知"）和《政府投资财政财务管理手册》（2010年出版，以下简称"手册"）。

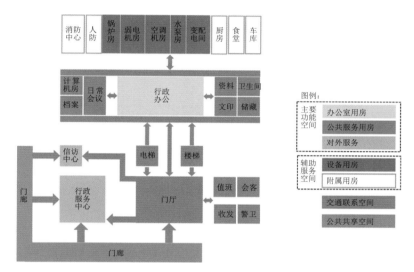

图 38　行政办公建筑功能组织模式示意

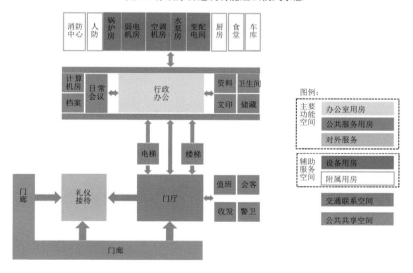

图 39　机关办公建筑功能组织模式示意

办公建筑的环境能源效率优化设计

A Design Guideline and Operation Handbook for Environment-Energy Efficiency Opimization on Government Owned Office Buildings

根据"手册"的规定,党政机关办公用房的建设规模,应根据批准的编制定员人数,对照相应的建设等级("通知"将建设标准划分为中央机关、省级机关、市级机关、县级机关、乡级机关五类),参照下式合理计算总建筑面积规模:

$$S=[Sa+Sb+(Sa+Sb)\times9\%]/K+C$$

其中,S: 总建筑面积;Sa: 办公室用房总使用面积,为不同级别行政人员使用面积加和;Sb: 公共服务用房总使用面积;C: 附属用房总建筑面积;K: 基本办公用房建筑总使用面积系数,多层建筑不应小于 0.65,高层建筑不应小于 0.60。

各部分取值依据如:Sa 取值依据(表20、表21)。

其中人均会议面积,根据《建筑设计资料集4》要求,一般取 1.8m²/ 人。

各级工作人员办公室使用面积限值(不应超过本表规定) 表 20

类别	适用对象	使用面积（m²/ 人）	类别	适用对象	使用面积（m²/ 人）
中央机关	部级正职	54	市级机关	市级正职	42（32）
	部级副职	42		市级副职	30（18）
	正司（局）级	24		正局（处）级	24（12）
	副司（局）级	18		副局（处）级	18（6）
	处级	12（9）		局（处）级以下	9（6）
	处级以下	9（6）			
省级机关	省级正职	54	县级机关	县级正职	30（20）
	省级副职	42		县级副职	24（12）
	正厅（局）级	30（24）		正科级	18（9）
	副厅（局）级	24（18）		副科级	12（6）
	正处级	18（12）		科级以下	9（6）
	副处级以下	12（6）		——	——
	处级以下	9（6）		——	——

注：1. 括号内数值为"手册"的相关规定,括号外数值为"通知"的相关规定,具体取值要求需根据具体项目实际确定;

2. 乡级机关由省级人民政府按照中央规定和精神自行规定,原则上不得超过县级副职。

根据"通知"要求,设备用房使用面积按办公室和服务用房使用面积之和的 9% 测算;K 取值依据——"通知"规定:党政机关办公用房建筑的建筑面积总使用面积系数,多层建筑不应低于 65%,高层建筑不应低于 60%。

C 取值依据——"通知"中要求:

食堂餐厅及厨房建筑面积按编制定员计算,编制定员 100 人及以下的,人均建筑

各级工作人员办公室使用面积限值（不应超过本表规定）　表 21

类别	人均使用面积（m²/人）	计算方法
中央机关 省级机关	7～9	200 人及以下取上限，400 人及以上取下限，中间值按（1100～x）/100 计算确定
市级机关	6～8	200 人及以下取上限，400 人及以上取下限，中间值按（1100～x）/100 计算确定
县级机关	6～8	100 人及以下取上限，200 人及以上取下限，中间值按（500～x）/50 计算确定
乡级机关	由省级人民政府按照中央规定和精神自行作出规定，原则上不得超过县级机关	—

注：表中 x 为编制定员。

面积不应超过 3.7m²；编制定员超过 100 人的，超出人员的人均建筑面积为 2.6m²。

地面停车场面积指标为：汽车 25m²/辆，自行车 1.2m²/辆，电动车、摩托车 1.8m²/辆。汽车库建筑面积指标为 40m²/辆，超出 200 个车位以上部分为 38m²/辆。可设置新能源汽车充电桩；自行车库建筑面积指标为 1.8m²/辆；电动车、摩托车库建筑面积指标为 2.5m²/辆。

警卫用房的建设参照《武警内卫执勤部队营房建筑面积标准（试行）》（〔2003〕武后字第 39 号）和 2009 年《中国人民解放军营房建筑面积标准》的有关规定，可按 25m²/人进行总体控制。

国家人防部门对办公用房人防设施的建设有专门规定，因此人防设施的建设应按国家规定的设防要求和面积指标计算建筑面积。按照平战结合、充分利用的原则，同时考虑今后发展的需要，可与地下汽车库建设一并考虑。

除此之外，"通知"还规定：

1）党政机关办公用房不宜建造一、二层的低层建筑，也不应建造超高层、超大体量的建筑；不得作为城市标志性建筑；建设用地不得用于建造与办公无关的居住或商用建筑等，不得占用风景名胜资源；2）入口门厅高度不应超过两层，中央及省级机关的门厅使用面积不应超 300m²，市级机关不应超过 240m²，县级机关不应超过

办公建筑的环境能源效率优化设计

A Design Guideline and Operation Handbook for Environment-Energy Efficiency Opimization on Government Owned Office Buildings

120m²；3）办公区域内不得建设阶梯式和有舞台灯光音响、舞台机械、同声传译的会堂、报告厅、大型会议室；4）建筑物内不宜设置阳光房、采光中庭、室内花园、景观走廊等超出办公用房功能的其他空间或房间。

Q3-1-2 高效的服务

【目标】提高交通联系空间利用效率，鼓励对楼梯间的使用，从而降低电梯能耗，提高使用者健康程度。

【措施】

1. 门厅、走廊、楼梯间等交通空间流线设计宜结合绿化、休憩、展示等多用途设计，提高空间的舒适度与利用效率。□▨■

【条文说明】空间使用效率控制依据为"使用面积系数"，相关要求参见 Q3-1-1。交通联系空间的设计要求包括：

单面布置走道净宽不应小于 1.3m，双面布置走道净宽不应小于 1.5m，走道净宽不应超过 2.2m；

公用卫生间距离最远的工作房间不应大于 50m。

2. 公共服务性电梯应采用适宜的配备标准，其中行政办公建筑的配备标准为不应超过 5000m² 建筑面积／台或 300 人／台。□▨■

【条文说明】按照《全国民用建筑工程设计技术措施》所提供的参考性标准为：按建筑面积——经济级：6000m²／台， 常用级：5000m²／台， 舒适级：4000m²／台，豪华级：＜2000m²／台；按人数——经济级：350 人／台，常用级：300 人／台，舒适级：250 人／台，豪华级＜250 人／台。从厉行节约的角度，基层公共机构建筑应尽量采用经济级或常用级标准。

3. 合理控制设备用房、附属用房的规模与数量。□▨■

【条文说明】设备用房规模不超过"通知"的要求，合理控制附属用房的规模和数量。

3.4.4.2　Q3-2 适应性

【目标】提高空间的适应性，减少未来因应对使用需求变化而带来的改造消耗。

Q3-2-1 模数协调

【目标】用标准化的方法实现建筑空间各维度上获取最大的使用弹性。

【措施】应综合考虑多种主要功能空间的使用特征，根据模数协调原则，进行合理统筹规划，实现多种功能空间的弹性互换。行政办公建筑宜以 2.7m×2.7m 作为基本模数空间。□▨■

【条文说明】根据《政府投资财政财务管理手册》的规定，党政机关一般工作人员办公室宜采用大开间，提高办公室利用率。

依据人体工程学和设备尺寸的要求，本导则认为 2.7m×2.7m 的基本模数空间，就可以包括了必要的工作区域和一半的通道尺寸。根据行为心理学的研究，$1.2 \sim 4m$ 之间是合适的社交距离，可以不失礼节地忽略别人，超过这个距离就有效地放弃了对同一空间内其他人的控制或失去了与其他人的交流。2.7m×2.7m 的空间能保证人与人之间的距离在这个社交距离范围内，既可以更经济合理地利用空间，同时也能够增强工作团队的凝聚力。对应"发改投资 [2014]2674 号"文有关"科级以下"人员使用面积 $9m^2$ 以下的要求，2.7m×2.7m 的基本空间单元设计所对应的净使用面积为 $7.29m^2$，也能较好符合该规定的要求。而该模数单元的倍增规模（如两个模数单元的使用面积为 $14.58m^2$），也与《政府投资财政财务管理手册》的相关规定（对于需设置分隔单间办公室的，标准单间办公室使用面积以 $12\sim18m^2$ 为宜）吻合，因此是比较恰当的规模选择。

Q3-2-2 空间弹性

【目标】合理控制建筑的平面分隔形式和层高，提高空间在水平和垂直方向的适应性。

【措施】

1. 可变换功能的室内空间内，非灵活隔断（墙）围合的房间总面积与可变换功能的室内空间总面积之比≤30%。□▨■

2. 行政办公建筑实际净高以 $2.5 \sim 3m$ 为宜，建筑层高应按照 $3.3 \sim 3.6m$ 控制。走道净高不应低于 2.2m，储藏间净高不应低于 2.0m。□▨■

【条文说明】根据《政府投资财政财务管理手册》的规定，多层办公建筑标准层层高不宜超过 3.3m，高层办公建筑标准层层高不宜超过 3.6m，室内净高不应低于 2.5m。

办公建筑的环境能源效率优化设计

A Design Guideline and Operation Handbook for Environment-Energy Efficiency Opimization on Government Owned Office Buildings

Q3-2-3 设备的可更新性

【目标】减小未来设备升级或修理带来的资源损耗和成本投入。

【措施】

1. 采用预留穿墙套管、预留备用墙洞、缺口、外部走管、设置独立设备夹层等手段，方便更新机电管道。×※■

2. 设置更换主要大型机电设备时，使用的通道和机动开口。×※■

3.5　L 建筑能源负荷基本要求与节约策略

3.5.1　建筑能源负荷限值要求

3.5.1.1　采暖空调节能指标

公共机构节能设计应严格满足《公共建筑节能设计标准》GB 50189—2015 或所在地区节能设计要求。其中：

（1）围护结构热工性能指标符合国家批准或备案的公共建筑节能标准的规定。

（2）夏季自然通风条件下，房间的屋顶和东、西外墙内表面的最高温度满足《民用建筑热工设计规范》GB 50176—2006 等国家标准的要求。

（3）围护结构以及热桥部位采取有效防结露措施，按照《民用建筑热工设计规范》GB 50176—2006 的要求进行热桥内表面结露验算。

（4）主要朝向的窗（包括透明幕墙）墙面积比均不应大于 0.6，其余朝向不应大于 0.4；同时综合考虑自然采光需求，主要朝向的窗墙比不低于 0.3。当窗（包括透明幕墙）墙面积比小于 0.4 时，玻璃（或其他透明材料）的可见光透过比不应小于 0.4。

（5）空气调节与采暖系统的冷热源设计、设备系统性能效率指标 EER（系统或设备单位耗电量所提供的制冷量／热量），需满足表 22 的能效要求。

（6）空气调节和供暖系统的日运行时间满足表 23 的要求。

（7）风机的单位风量耗功率符合《公共建筑节能设计标准》GB 50189—2015 或所在地区节能设计要求。

【条文说明】一般可通过以下手段，经过计算、修改和完善，降低空调通风系统的单位风量耗功率：

1）空调通风系统的划分不宜过大；

2）空调通风系统的风机设备距离其负担的空调区域不宜过远；

3）空调通风系统的比摩阻不宜高于经济比摩阻；

空调系统各性能效率指标 EERs 限值 表 22

	分类		全年累计工况	典型工况
空调系统综合 EER0				
冷站系统 EER'（SCOP）	水冷冷水机组（离心式）	$CL \leqslant 528kW$		$\geqslant 3.8$
		$528kW < CL \leqslant 1163kW$		$\geqslant 4.0$
		$CL > 1163kW$		$\geqslant 4.3$
	水冷冷水机组（活塞式／涡旋式／螺杆式）	$CL \leqslant 528kW$		$\geqslant 3.5$
		$528kW < CL \leqslant 1163kW$		$\geqslant 3.7$
		$CL > 1163kW$		$\geqslant 4.0$
	风冷或蒸发冷却机组	$CL \leqslant 50kW$		$\geqslant 2.6$
		$CL > 50kW$		$\geqslant 2.8$
冷源 EER″				
电制冷冷水机组 EER I（COP）	$CL \leqslant 200kW$		$\geqslant 2.8$	$\geqslant 3.0$
	$200kW < CL \leqslant 528kW$		$\geqslant 4.2$	$\geqslant 4.4$
	$528kW < CL \leqslant 1163kW$		$\geqslant 4.5$	$\geqslant 4.7$
	$CL > 1163kW$		$\geqslant 4.8$	$\geqslant 5.1$
吸收式冷水机组 EER I（COP）			$\geqslant 1.0$	$\geqslant 1.1$
冷冻水系统 EER II			$\geqslant 30$	$\geqslant 35$
冷却水系统 EER III			$\geqslant 25$	$\geqslant 30$
空调末端系统 EER IV	全空气系统		$\geqslant 6$	$\geqslant 8$
	新风 + 风机盘管（FCU）		$\geqslant 9$	$\geqslant 12$
	风机盘管（FCU）		$\geqslant 24$	$\geqslant 32$
冷却塔 EER V				

注：对于空调系统综合 EER0 、冷源 EER、冷却塔 EER V，无相应的节能标准对三类指标直接给出全年累计工况和典型工况的限值推荐指标，比较基准定为当地同类建筑调研平均值。

空气调节和供暖系统的日运行时间要求 表 23

建筑类别	系统工作时间	
办公建筑	工作日	7:00-18:00
	节假日	—

4）矩形空调通风管道宽高比不宜大于 4，不应大于 8；

5）空调通风管道的弯头、变径、三通等应采用低阻力部件，减少局部阻力损失；

6）应优先选择高效、低噪声的风机设备；

办公建筑的环境能源效率优化设计

A Design Guideline and Operation Handbook for Environment-Energy Efficiency Opimization on Government Owned Office Buildings

7）根据需要，采用适宜的变频变风量技术降低风机运行的实际能耗；

8）冷热水系统的输送能效比符合《公共建筑节能设计标准》GB 50189—2015 或所在地区节能设计要求。

【条文说明】通过以下手段，经过计算、修改和完善，降低能量输配水系统的输送能效比：

1）合理确定冷热源的服务半径，冷热源的位置应靠近负荷中心；

2）合理确定冷热水系统的供回水温差，在技术合理的前提下适当加大温差，减少流量；

3）当不同负荷区域的循环阻力相差较大时，经过经济技术比较可采用二级泵或多级泵系统；

4）合理控制冷热水管道系统的比摩阻不高于经济比摩阻；

5）在最不利环路上应避免串联高阻力阀门部件；

6）比较不同的水泵性能曲线，优先选择水泵效率高的设备；

7）根据水系统的负荷及变化特性，采用适宜的多级泵、变频变流量技术降低水泵运行的实际能耗。

3.5.1.2　照明设备节能指标

【目标】总体控制照明系统和主要设备设施的用电负荷。

【措施】各房间或场所照明功率密度值不高于国家标准《建筑照明设计标准》GB 50034—2013 规定的现行值（表24）。

【条文说明】功率密度值（LPD）的计算应包括光源功率及镇流器、变压器等灯具附属装置的功率。

主要功能空间照明功率密度要求　　　　表24

房间	照明功率密度（W/m²）		对应照度值（lx）
	现行值	目标值	
办公室	11	9	300
会议室	11	9	300
文印室	11	9	300
档案室	8	7	200

3.5.2　L1 采暖空调能耗

【目标】明确降低公共机构建筑能源消耗的策略与要求。

【条文说明】公共机构建筑能耗由以下部分组成：采暖能耗、空调能耗、照明能耗、热水能耗、设备能耗和其他能耗等，其中采暖空调能耗占比约在50%以上，是建筑能耗的主要部分。采暖空调能耗的降低首要是降低建筑本身的冷热负荷；其次是提升系统效率；第三是通过选择适宜的可再生能源，部分替代传统能源；最后，进行调试和监测等运营管理手段，达到进一步降低能耗的目的。

3.5.2.1　L1-1 冷热负荷

【目标】通过合理控制体形系数、窗墙比、遮阳、建筑外围护结构性能等策略，降低建筑的冷热负荷。

L1-1-1　平面形式

【目标】根据不同气候区的特征，明确适宜的平面形式选择。□▨▧■

【措施】

1. 严寒、寒冷及温和地区的办公建筑，宜优先选择内廊或核心筒式空间组织模式。

2. 夏热冬冷和夏热冬暖地区的办公建筑，宜优先选择外廊或内廊式空间形式。

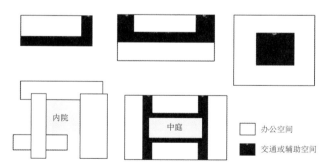

图 40　行政办公建筑的典型平面

【条文说明】行政办公建筑的空间选型一般分为如下五种基本形式（图40）。

外廊式办公楼——以开敞外廊或位于建筑物一侧的封闭走道组织各单元办公室。该类建筑体形系数大，采用自然采光通风，一般不采用集中的空调和采暖设备，易于实现设备的分区控制。

办公建筑的环境能源效率优化设计

A Design Guideline and Operation Handbook for Environment-Energy Efficiency Opimization on Government Owned Office Buildings

内廊式办公楼——该形式既可作单元式办公室，也有大空间进行自由分割的集中办公室。建筑体形系数较大，多数采用自然采光和通风形式。在设备使用上，大空间集中办公的建筑常采用集中空调和采暖形式，不利于进行小范围的控制；单元办公室常采用小型分体空调进行制冷或采暖。

核心筒式办公楼——该类办公楼体形系数相对较小，建筑物内设备复杂，多采用集中系统进行通风或制冷采暖。由于办公空间进深较大，多为自然采光和人工照明相结合。由于建筑物体量和高度较大，建筑物表皮外空气流动相对较为剧烈。

内院式办公楼——庭院可以调节办公空间附近的外部微气候，缓和室内外的气候过渡。单就建筑物来说，亦可分为外廊、内廊等组织形式，是一种复合的空间整合形式。

中庭式办公楼——中庭的位置、形态是决定这类型办公楼环境品质和能源消耗的重要因素。

《关于印发党政机关办公用房建设标准的通知》（发改投资〔2014〕2674号）颁布后，中庭式形态不再适合党政机关办公用房建设。

不同气候区推荐采用不同空间形式的原因，详见《研究报告》。

L1-1-2　朝向

【目标】尽可能将建筑朝向最有利于利用自然条件的方向。

【措施】

1. 根据所在地区地理与气候条件，公共机构建筑应采用最佳朝向或适宜朝向。□▨■

【条文说明】建筑朝向是影响建筑节能和室内舒适度的一个重要的设计因子，一般主要取决于日照和通风，应根据当地气候条件、地理环境、建筑用地情况等，选择合适的建筑朝向。在节约用地的前提下，不同气候区朝向选择考虑如下（表25）：

1）严寒气候区：冬季最大限度地获得太阳辐射，并避开主导风向；夏季尽量地减少太阳直射，考虑自然通风。

2）寒冷气候区：冬季争取获得较多的太阳辐射，并避开主导风向；夏季避免过多的日照，并有利于自然通风。

我国部分典型地区最佳朝向范围分布　　表 25

地区	最佳朝向	适宜朝向	不利朝向
北京地区	S－SE30°	SE45°－SW45°	NW30°－60°
上海地区	S－SE15°	SE30°－SW15°	N 和 NW
石家庄地区	SE15°	S－SE30°	W
太原地区	SE15°	SE－E	NW
呼和浩特地区	S－SE, S－SW	SE, SW	N, NW
哈尔滨地区	SE15°－20°	SE15°－SW15°	NW, N
长春地区	SE30°, SW10°	SE45°－SW45°	N, NE, NW
沈阳地区	S－SE20°	SE－E, SW－W	NEE－NWW
济南地区	S, SE10°－15°	SE30°	WE5°－10°
南京地区	S, SE15°	SE25°, SW10°	W, N
合肥地区	SE5°－15°	SE15°, SW5°	W
杭州地区	SE10°－15°	S, SE30°	N－W
郑州地区	SE15°	SE25°	NW
武汉地区	S, SW15°	SE15°	W, NW
长沙地区	SE9°	S	W, NW
重庆地区	SE30°－SW30°	SE45°－SW45°	W, NW
福州地区	S, SE5°－15°	SE20° 以内	W
深圳地区	SE15°－SW15°	SE45°－SW30°	W, NW

资料来源：《民用建筑绿色设计规范》JGJ/T 229—2010。

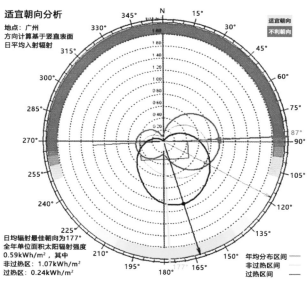

图 41　某地最佳朝向分析图

办公建筑的环境能源效率优化设计

A Design Guideline and Operation Handbook for Environment-Energy Efficiency Opimization on Government Owned Office Buildings

3）夏热冬冷气候区：冬季充分利用太阳辐射，并避开主导风向。夏季尽量减少太阳辐射，并有利于自然通风。建筑朝向应与夏季主导季风风向控制在30°～60°之间。尽量避免东西向日晒。

4）夏热冬暖气候区：考虑太阳辐射，避免西晒，在夏季和过渡季充分利用自然通风。在平衡冬季防风的前提下，应顺应夏季主导风向，尽最大可能获取自然通风。

5）温和气候区：冬季争取获得较多的太阳辐射，夏季避免过多的日照，全年利用自然通风。

最佳朝向的地区性差异较大，无法笼统给出明确要求，具体实践中应选用经过认证的适宜软件工具，辅助选择最佳朝向，如图41所示为Ecotect根据气候统计数据生成的某地最佳朝向分析图。

2. 不同功能空间应按照功能不同安排朝向，主要功能空间（档案室、储藏室、卫生间除外）应优先放置在采光、防寒、防晒最为有利的朝向方面，辅助功能空间（含档案室、储藏室、卫生间）除考虑必要的服务需求外，应优先放置在冬季或夏季气候不利朝向，避免占用有利朝向（表26）。□▨■

不同功能空间的适宜朝向 表26

房间名称	北	东北	东	东南	南	西南	西	西北
普通办公	*	*	*	*	*	*		
领导办公	*	*	*	*	*	*		
会议	*	*	*	*	*	*	*	*
微机室	*	*	*					*
档案室							*	*
复印							*	*
工作餐厅	*	*	*				*	
休息	*	*	*	*	*	*		
楼梯	*	*	*				*	*
卫生间	*	*	*				*	*
设备用房	*	*	*					*

L1-1-3　外围护结构

【目标】提高外围护结构热工性能，实现高效节能目标。

【措施】

1. 适当提高外围护结构热工性能。✕▨■

【条文说明】鼓励公共机构建筑的围护结构做得比国家和地方的节能标准更高，降低空调采暖负荷，同时提高非空调采暖季节的室内热环境质量，在设计时应利用计算机软件模拟分析的方法计算外围护结构节能率 ψ_{ENV}。考虑到地域性差异，对于以采暖负荷为主的严寒地区，以及兼顾供冷采暖的寒冷地区、夏热冬冷地区和夏热冬暖地区，应执行不同的评价口径（表27）。

不同气候区的 ψ_{ENV} 与得分对应表　　　　表27

严寒地区 ψ_{ENV}	其他地区 ψ_{ENV}	得分
$1\% \leqslant \psi_{ENV} < 2\%$	$0.5\% \leqslant \psi_{ENV} < 1\%$	1
$2\% \leqslant \psi_{ENV} < 4\%$	$1\% \leqslant \psi_{ENV} < 2\%$	2
$4\% \leqslant \psi_{ENV} < 6\%$	$2\% \leqslant \psi_{ENV} < 3\%$	3
$6\% \leqslant \psi_{ENV} < 8\%$	$6\% \leqslant \psi_{ENV} < 4\%$	4
$\psi_{ENV} \geqslant 8\%$	$\psi_{ENV} \geqslant 4\%$	5

2. 不宜采用玻璃幕墙。□▨■

L1-1-4　遮阳（严寒地区本条不参评）

【目标】明确遮阳措施的应用原则。

【措施】公共机构建筑应做好必要的遮阳设计，其中：

1. 应优先通过适宜的形体设计，实现有效的自遮阳。□▨■

【条文说明】建筑形体设计是建筑造型的关键步骤，也是产生建筑自遮阳的最有效的办法。建筑自遮阳是通过建筑自身形体变化，使其在建筑表面产生阴影，从而起到遮阳效果的一种方式。相较于专门设置遮阳构件进行遮阳而言，建筑自遮阳的遮阳面积大，手法简洁，无需就遮阳额外投入专项成本，并能保证建筑造型的整体性（图42）。

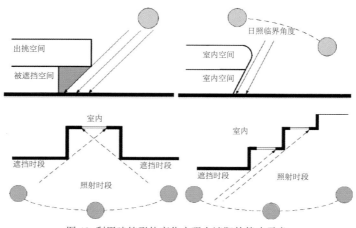

图 42 利用建筑形体变化实现自遮阳的策略示意

办公建筑的环境能源效率优化设计

A Design Guideline and Operation Handbook for Environment-Energy Efficiency Opimization on Government Owned Office Buildings

2. 当窗墙比大于 30% 时，东西向外窗宜设置活动外遮阳。南向外窗宜设置水平外遮阳。□▧■

【条文说明】当采取活动外遮阳措施时，设置可调节外遮阳部分外窗的面积，不应低于该朝向外墙可透光面积的 60%。

3. 建筑外遮阳装置应兼顾导光、通风及冬季日照。□▧■

L1-1-5   自然通风组织

【目标】根据不同气候条件下，设计因子对建筑冷热负荷影响的敏感度，明确不同设计因子的优先层级，为实现环境能源效率的优化，提供清晰的技术路径。

【措施】

1. 公共机构建筑外窗有效通风开口面积应满足相应要求。×▧■

【条文说明】为有效利用自然通风，使室内达到良好的热舒适性并减少空调运行时间，主要功能房间，如办公室、会议室、报告厅、餐厅等，应具备一定的有效通风开口面积比。不同气候区办公建筑主要功能房间的通风开口面积比限值见表 28。

不同气候区通风开口面积比与得分对应表   表 28

	夏热冬暖 / 温和地区	夏热冬冷 / 寒冷地区	严寒地区	得分
差	通风开口面积不小于地上部分总建筑面积 3%	通风开口面积不小于地上部分总建筑面积 3%	通风开口面积不小于地上部分总建筑面积 2%	1
中	通风开口面积不小于地上部分总建筑面积 4%	通风开口面积不小于地上部分总建筑面积 3.5%	通风开口面积不小于地上部分总建筑面积 2.5%	2
好	通风开口面积不小于地上部分总建筑面积 5%	通风开口面积不小于地上部分总建筑面积 4%	通风开口面积不小于地上部分总建筑面积 3%	3

资料来源：《绿色办公建筑评价标准》GB/T 50908-2013。

2. 门厅、楼梯间等交通空间应具备自然采光和通风条件，应论证利用这些空间组织室内自然通风的可能性。□▧■

【条文说明】公共机构建筑应优先利用门厅、楼梯等空间，形成拔风井、太阳能拔风道等诱导气流的措施，或设计可直接通风的半地下室和下沉式庭院，并通过室内气流模拟设计的方法，综合比较不同建筑设计及构造设计方案，确定最优的自然通风系统方案。

风扇选型对应表	表 29
房间面积（m^2）	风扇最小直径（m）
≤ 9.3	0.9
> 9.3，≤ 13.9	1.1
> 13.9，≤ 20.9	1.2
> 20.9，≤ 34.8	1.3
> 37.2	2 个以上吊扇

注：吊扇宜与照明系统集成设计。

3. 当室内分区不利于空气流通时，宜采用吊扇等机械通风方式加强室内空气流通，减少空调使用时间。× ▨▨

【条文说明】在夏热冬冷、夏热冬暖及温和气候区，在夏季暴雨时、冬季采暖季节，多数用户会因为关闭外窗，造成室内通风不畅，影响室内热舒适度。根据实测和调查：当室内通风不畅或关闭外窗，室内干球温度 26℃，相对湿度 80% 左右时，室内人员仍然感到有些闷，所以需要对夏季暴雨、冬季采暖等室外环境不利时关闭外窗情况下的自然通风措施加以考虑。在温度稍高的时候，使用风扇可促进室内空气流通，使皮肤水分快速蒸发而达到人体降温的目的，使用户感到舒适。空气流动下，人们通常可以容忍较高的温度。风扇适合于多种类型的空间，但仍需根据房间要求和避免噪声等影响适当使用吊扇。风扇安装和选择方案不同，空间空气流动速度差别会很大，可根据表 29 选择吊扇类型和数量。

3.5.2.2　L1-2 系统效率

L1-2-1 高效冷热源

【目标】选择有利于节能的系统类型和冷热源。

【措施】应通过全年动态负荷和能耗变化模拟，分析具体项目的能耗与技术经济性，合理选择暖通空调系统形式。× ▨▨

【条文说明】采暖空调形式的选择是采暖空调系统节能设计的起点和基础，因此应首先结合建筑的功能需求、环境特点，运用计算机辅助手段，对建筑全年动态负荷与能耗变化进行模拟，并开展技术经济性分析，以合理选择适宜的系统形式和冷热源。公共机构建筑空调形式选择应遵循以下原则：

办公建筑的环境能源效率优化设计

A Design Guideline and Operation Handbook for Environment-Energy Efficiency Opimization on Government Owned Office Buildings

1）优先采用高效节能的空调主机形式（如溶液除湿机组、双温冷源冷水机组、水源热泵机组、蒸发式冷凝机组、热源塔供热机组、水冷（风冷）多联机空调机组、大温差冷水机组、变频冷水机组等）；

2）系统选择需与项目所在区域气候条件相适应，如在空气源热泵冬季制热运行系数低于1.8的区域，不应采用空气源热泵系统；在严寒和寒冷地区，公共机构建筑的集中供暖空调系统热源不应采用直接电热方式，冬季不应使用制冷机为建筑物提供冷量；干热地区宜采用蒸发式冷却技术，去除建筑室内余热；

3）当建筑内区较大，且冬季内区有稳定和足够的余热量时，宜采用水环热泵空调系统；

4）全年运行中存在供冷、供热需求的多联机空调系统，应采用热泵式机组；

5）对同时存在供冷、供热需求，且两种需求基本匹配时，宜将系统进行合并，并采用热回收型机组；

6）应结合当地电价政策和建筑暖通空调负荷的时间分布，论证蓄能形式冷热源的合理性。

L1-2-2 节能输配系统

【目标】通过合理设计，提高输配效率。

【措施】

1. 合理设定供回水温度。× ▨■

【条文说明】应根据冷热源形式、空调系统形式和末端设备类型合理确定冷热水系统的供回水温度。其中：

1）除温湿度独立调节系统外，电制冷空调冷水系统的供水温度不宜高于7℃，供回水温差不应小于5℃；

2）当采用四管制空调水系统时，除利用太阳能热水、废热或热泵系统外，空调热水系统的供水温度不宜低于60℃，供回水温差不应小于10℃；

3）特殊设计需求下，应经过技术经济合理性比较后，合理确定供回水温差。

2. 全空气空调系统采取实现全新风运行或可调新风比的措施。× ▨■

3. 合理采用变频或变风量控制技术。× ▨■

【条文说明】根据项目功能的实际需求，合理选用变频或变风量控制技术，可以有效降低采暖空调系统的输配效率，其中：

1）空调冷水系统采用变流量运行或送风量大于 25000m³/h 的全空气系统采用风机变频运行或变风量控制；

2）当新风量采用需求控制时，新风机组宜采用相应的变风量控制技术。

4. 空调冷热水系统和风系统的作用半径不宜过大，其中冷热水系统的单程输送距离不宜超过 250m，风系统输送距离不宜超过 90m。× ▨■

5. 通过比较不同排风热回收方式的技术经济特性，合理设计排风热回收系统。× ▨■

6. 空调室外机组布置应有利于提高散热效率。×※■

【条文说明】为提高空调室外机组的散热效率，其布置应满足如下要求：

1）空调器（机组）室外机宜布置在南、北或东南、西南向的靠外墙处或屋面上；

2）空调器（机组）室外机间的排风口不应相对，相对时其水平间距应大于 4m；

3）应将建筑空调系统室外机、冷却塔等换热设施放在夏季主导风向的下风向，并确保良好的自然通风效果，以降低建筑设施排热对建筑所在区域的不利影响。

L1-2-3 节能末端选择

【目标】选择有利于节能的末端形式。

【措施】

1. 主要功能房间采用能独立开启的空调末端。× ▨■

2. 应在合理论证的基础上，鼓励主要功能房间采用能进行温湿度独立调节的空调末端。× ▨■

【条文说明】温湿度独立调节的空调末端有利于提高调节灵活性，提高能源利用效率，其中对于夏热冬冷、夏热冬暖和温和地区，建筑主要功能房间应优先采用能单独进行温湿度调节的空调末端。

对于独立新风系统＋具有风速调节功能的风机盘管系统，认为是能独立开启的空调末端。对于全空气系统，以下做法可以认为是具备温湿度独立调节功能：

1）采用双温冷源空调系统，空气处理机组设高温冷水和低温冷水两组盘管或高温冷水盘管＋直接蒸发盘管。

2）采用高温冷水机组＋溶液除湿空调末端。

办公建筑的环境能源效率优化设计

A Design Guideline and Operation Handbook for Environment-Energy Efficiency Opimization on Government Owned Office Buildings

3. 合理采用辐射型空调末端。× ▨ ▮

【条文说明】在室内使用辐射型空调末端时，需合理设计室内温湿度和冷冻水供水温度（根据本导则规定：辐射供暖室内设计计算温度宜降低2℃；辐射供冷室内设计计算温度宜提高0.5～1.5℃）；送入室内的新风应具有消除室内湿负荷的能力，或配有除湿设备，避免表面结露。

3.5.2.3　L1-3　可再生能源利用

【目标】结合区域气候特征，采用适宜可再生能源。

L1-3-1 被动利用

【目标】遵循被动优先原则，结合建筑设计，强化对可再生能源的被动式利用。

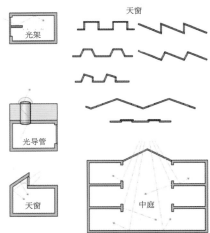

图 43　自然采光设备示意

资料来源：英国屋宇设备工程手册

【措施】

1. 通过采用反光板、光导管、天窗等自然采光增强设施（设备），加强自

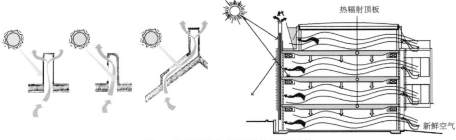

图 44　热压通风与风压通风组织示意

然采光效果（图 43）。□▨■

2. 应遵循热压通风原理，结合太阳墙、拔风烟囱、通风塔等设施，提高楼梯、庭院等高大公共空间的自然通风组织能力（图 44）。□▨■

3. 经过合理性论证，通过地下埋管、地道等方式，采用地道通风方式，直接利用地热资源。□▨■

L1-3-2　主动利用

【目标】采用合理的可再生能源主动利用技术或策略。

【措施】

1. 综合考虑经济效益、环境效益和社会效益，合理论证可再生能源主动利用技术的适宜性。□▨■

不同地区的太阳能保证率要求（%）　　　　　　　　　　表 30

太阳能资源区划	太阳能热水系统	太阳能供暖系统	太阳能空气调节系统
资源丰富区	≥60	≥50	≥45
资源较丰富区	≥50	≥35	≥30
资源一般区	≥40	≥30	≥25
资源贫乏区	≥30	≥25	≥20

【条文说明】主要论证内容包括：

1）在进行太阳能光热系统应用合理性论证时，应确保相应的系统保证率。我国不同地区的太阳能保证率要求见表 30；

2）在进行太阳能或风能发电技术应用合理性论证时，应结合当地资源、政策等背景，进行全面分析；

3）在进行地源热泵系统应用合理性论证时，应进行全年动态负荷与系统去热量、释热量计算分析，并选择适宜的交换系统。

2. 可再生能源的主动利用技术应做好与建筑的一体化设计，特别是光热或光伏一体化系统，不应对建筑外围护结构的建筑功能带来消极影响。□▨■

3.5.2.4　L1-4 运行管理

【目标】通过建立能源监测和灵活控制体系，帮助实现公共机构建筑运行节能。

办公建筑的环境能源效率优化设计

A Design Guideline and Operation Handbook for Environment-Energy Efficiency Opimization on Government Owned Office Buildings

L1-4-1 分项计量

【措施】公共机构建筑宜对冷热源、空调系统、输配系统、照明、办公设备、电梯、给排水等用能系统进行分项计量。有条件时，宜设置建筑设备能源管理系统。✕ ▨■

【条文说明】为合理设置分项计量回路，以下回路应设置分项计量表：1）变压器低压侧出线回路；2）单独计量的外供电回路；3）特殊区供电回路；4）制冷机组主供电回路；5）单独供电的冷热源系统附泵回路；6）集中供电的分体空调回路；7）照明插座主回路；8）电梯回路；9）其他应单独计量的用电回路。

若变压器数量为 2 台，则均设置多功能电能表。若变压器数量＞2 台，则选择负载率最高的以照明为主的变压器和以空调为主的变压器各 1 台，安装 2 块多功能电能表，其余变压器安装普通三相电能表。三相平衡设备应设置单相普通电能表，照明插座供电回路宜设置三相普通电能表。总额定功率小于 10kW 的非空调类用电支路不宜设置电能表。在条件许可时，公共建筑宜设置建筑设备能源管理系统，如此可利用专用软件对以上分项计量数据进行能耗的监测、统计和分析，以最大化地利用资源、最大限度地减少能源消耗。同时，可减少管理人员配置。此外，《严寒和寒冷地区居住建筑节能设计标准》JGJ 26—2010 第 5.2.10 条要其对锅炉房、热力站及每个独立的建筑物入口设置总电表，若每个独立的建筑物入口设置总电表较困难时，应按照照明、动力等设置分项总电表。

L1-4-2 灵活控制

【措施】公共机构建筑暖通空调系统应设置手动或自动控制模式，根据使用功能实现分区、分时控制。✕ ▨■

3.5.3 L2 照明、设备能耗

3.5.3.1 L2-1 照明能耗

【目标】在确保使用需求的前提下，尽可能降低照明能源消耗。

L2-1-1 高效光源

【目标】使用节能型灯具。

【措施】

1. 采用节能光源，具体而言包括：

1）走道、楼梯间、卫生间、车库等无人长期逗留的场所，宜选用发光二极管（LED）灯；

2）疏散指示灯、出口标志灯、室内指向性装饰照明等宜选用发光二极管（LED）灯；

3）室外景观、道路照明应选择安全、高效、寿命长、稳定的光源，避免光污染。

2. 使用高效灯具，具体而言包括：× ▨▉

1）在保证光质的条件下，首选不带附件的灯具，并应尽量选用开启式灯罩；

2）在满足眩光限制和配光要求的情况下，应选用高效率灯具，灯具效率不应低于《建筑照明设计标准》GB 50034—2013 中有关规定；

3）应根据不同场所和不同的室内空间比 RCR，合理选择灯具的配光曲线，从而使尽量多的直射光通落到工作面上，以提高灯具的利用系数；由于在设计中 RCR 为定值，当利用系数较低（0.5）时，应调换不同配光的灯具；

4）选用对灯具的反射面、漫射面、保护罩、格栅材料和表面等进行处理的灯具，以提高灯具的光通维持率，如涂二氧化硅保护膜及防尘密封式灯具、反射器采用真空镀铝工艺、反射板选用蒸镀银反射材料和光学多层膜反射材料等，可保持灯具在运行期间光通量降低较少；

5）尽量使装饰性灯具功能化。

L2-1-2 合理布局与空间设计

【目标】根据典型功能空间的规模与布局，采取效率最优的照明布局模式。

【措施】×※ ▉

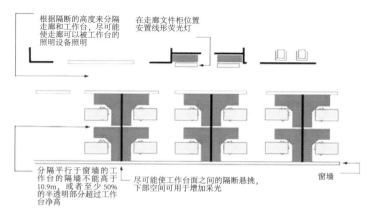

图 45　开放式办公灯具布局示意

资料来源：美国暖通空调设计手册－办公建筑节能设计

办公建筑的环境能源效率优化设计

A Design Guideline and Operation Handbook for Environment-Energy Efficiency Opimization on Government Owned Office Buildings

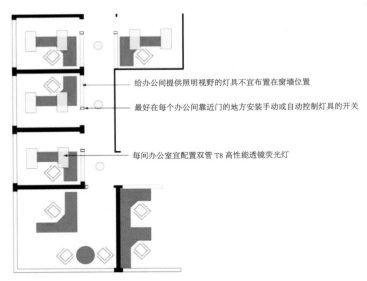

图 46 单人办公空间灯具布局示意
资料来源：美国暖通空调设计手册 - 办公建筑节能设计

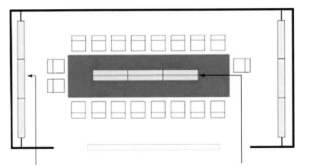

在会议室至少一面墙上安装单管线形荧光灯　　　会议桌正中间上方需要装置双管荧光灯具

图 47 会议室灯具布局示意
资料来源：美国暖通空调设计手册 - 办公建筑节能设计

1. 开放式办公空间：应根据区域隔断的高度来区分出走廊和工作台，尽可能使工作台的灯具照明也照射到走廊。同时可使用紧凑型射灯或壁灯来增加额外的走廊照明（图 45）。

2. 单人办公空间：桌面光源综合考虑自然光和人工照明的结合。建议在没有日光照射时再选取工作照明（图 46）。

3. 会议室：使用智能传感器实现人工照明智能控制（图 47）。

4. 走廊空间：应选用统一照度的灯具（图 48）。

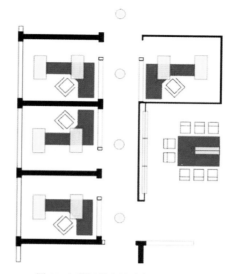

图 48　走廊灯具布局示意

资料来源：美国暖通空调设计手册 - 办公建筑节能设计

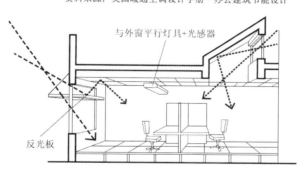

图 49　自然采光优化与照明分区控制

L2-1-3　照明控制

【目标】通过智能化或灵活控制模式，提高照明系统运行效率。

【措施】

大型公共区域应实现分时、分区控制调节（图49）。×※■

【条文说明】为了灵活地控制和管理照明系统，并更好地结合人工照明与自然采光设施，宜设置智能照明控制系统达到节约电能目的。如当室内自然采光随着室外自然光的强弱变化时，室内的人工照明应按照人工照明的照度标准，利用光传感

办公建筑的环境能源效率优化设计

A Design Guideline and Operation Handbook for Environment-Energy Efficiency Opimization on Government Owned Office Buildings

器自动关掉 / 开启或调暗 / 亮一部分灯，这样做有利于节约能源和照明电费，并提高室内照明品质。

1. 灯具开关设置满足相关要求。× ▨■

1）除单一灯具的房间，每个房间的灯具控制开关不宜少于 2 个，且每个开关锁孔的光源数不宜多于 6 盏；

2）走廊、楼梯间、门厅、电梯厅、卫生间、停车库等公共场所的照明，宜采用集中开关控制或就地感应控制；

3）门厅、电梯大堂和走廊等场所，采用夜间定时降低照度的自动调光装置。

2、大空间、多功能、多场景场所的照明，宜采用智能照明控制系统。× ▨■

3.5.3.2　L2-2 其他设备能耗

【目标】对电梯等主要用电设备的节能标准提出要求。

【措施】

1. 公共机构建筑应少采用或不采用电梯；在必须采用时，宜全部采用节能电梯，并合理采用节能控制方式。× ▨■

【条文说明】节能电梯当前主要有两种形式，一是无机房电梯，二是小机房无齿轮主机电梯。目前中国节能电梯均采用的是无齿轮主机。除选用节能电梯外，宜根据项目电梯使用数量等情况，采用变频控制、启停控制、群梯智能控制等经济运行控制手段，以及分区、分时等运行方式，来达到电梯节能的目的。

2. 其他主要用电设备应取得国家能耗标识，并达到三级以上要求。× ▨■

3.6　典型公共机构办公建筑的环境能源率设计优化的协同与决策

3.6.1　工作流程

3.6.1.1　文件要求

1. 公共机构建筑设计应进行"环境能源效率优化设计"，并在方案、初步设计、施工图等阶段，分别编制"环境能源效率优化设计"专篇。

【条文说明】环境能源效率优化设计是围绕项目的使用需求，以被动式设计、气候应答设计理念为基础，通过引入量化分析手段和模拟方法，为最终以最小化能源消耗实现适宜的建筑环境性能，而进行的一系列分析、计划、设想的推导及表达过程。

2. 环境能源效率优化应根据优化对象的特点，采取适当的分析方法。总体实施步骤是：

1）对项目的环境能源效率特点进行分析，从全局的角度明确符合项目特点的优化路径与步骤；

2）遵循"由外而内、由表及里"的优化顺序，根据本导则的编制顺序，逐步展开优化论证；

3）根据"被动优先，主动优化"的原则，优先进行建筑与空间层面的优化；

4）综合运用适宜的计算机模拟软件，对具体的布局和机电系统选型进行精细化设计与优化，形成若干比选方案；

5）结合经济要素分析，确定合理的优化策略组合，形成最终优化设计方案；

6）依托 BIM 系统，对优化及实施过程信息进行持续跟踪以及信息数据累积，同时形成有效数据反馈，随时根据实际需求变化，修正优化方案。

3. "环境能源效率优化设计"专篇应包括项目定位的分析和研究、项目所在区域气候分析与被动式设计策略选择、优化设计过程与比选分析、评价与决策等几方面的内容。

4. 不同设计阶段应注意环境能源效率优化分析的深度要求。

1）在方案设计阶段的前期，应完成项目的可行性研究，得到合适的建设目标和可实施技术体系；

2）在方案设计阶段的后期，应根据精细化分析工作的研究成果，按照实施技术体系，分专业制订设计任务书，明确设计要求，提供设计参数的选取建议，确保技术细节能落实到初步设计和施工图设计中。

3.6.1.2　设计组织

1. 项目建设方应对"环境能源效率优化"提出明确要求，并结合绿色建筑要求，组建优化设计团队，团队成员包括建设方、设计、咨询、施工、监理及物业管理等参与项目建设、使用与运行管理的各相关单位（图50）。

2. "环境能源效率优化"工作宜在方案或之前阶段即开展，应充分尊重项目的整体性要求，提供必要的建筑策划、设计建议及技术支持。

办公建筑的环境能源效率优化设计

A Design Guideline and Operation Handbook for Environment-Energy Efficiency Opimization on Government Owned Office Buildings

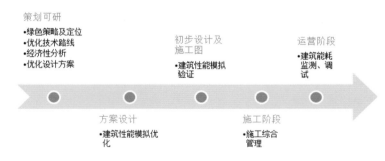

图 50 环境能源效率优化设计流程

3. 设计单位应合理配置专业技术人员，参与优化工作协调，在各阶段各专业应根据技术共享、平衡、集成的原则协同工作。

3.6.2 辅助设计分析软件平台

3.6.2.1 概述

1. 工具平台是指在环境能源效率优化目标的指导下，根据优化设计的需要，所采用的包括模拟分析、统计分析、协同设计、评价反馈、流程管理等手段在内的辅助设计工作环境。

2. 工具平台不仅涵盖规划设计、建筑设计、室内设计、景观设计、机电设计等所有设计阶段的工作，还应向前期的调研、后期的建设与运营管理服务等方面开放（图 51）。

图 51 环境能源效率优化设计工具平台组成

3.6.2.2 室外环境性能分析工作平台

1. 气候分析

【模拟目标】

通过气候模拟，可得到建筑基地所处地的气候资料、热舒适性区域及各种基本被动式设计策略对热舒适的影响。也可以通过对太阳辐射的分析，得到建筑各朝向立面上的全年太阳辐射量及当地最佳建筑朝向。

【常见模拟软件】

Weather Tool、Climate Consultant

【输入条件】

所选城市的气象数据文件。

【输出结果】

1）建筑基地所处地的气象数据特征：每月、每周、每小时的温湿度、太阳辐射量、风速及每月的降雨量等；

2）热舒适性区域；

3）适宜被动式策略；

4）各朝向立面上的全年太阳辐射量；

5）最佳建筑朝向。

2. 城市热岛效应分析

【模拟目标】

通过建筑室外热岛模拟，可了解建筑室外热环境分布状况，是建筑室外微环境舒适程度的判断基础，并进一步指导建筑设计和景观布局等，优化规划、建筑、景观方案，提高室外舒适程度并降低建筑能耗，减少建筑能耗碳排放。实际工程中需采用可靠的计算机模拟程序，合理确定边界条件，基于典型气象条件进行建筑室外热环境模拟，达到降低室外热岛强度的目的。

【常见模拟软件】

PHOENICS

【输入条件】

为保证模拟结果的准确性。具体要求如下：

1）气象条件：模拟气象条件可参照《中国建筑热环境分析专用气象数据集》选取，值得注意的是，气象条件需涵盖太阳辐射强度和天空云量等参数以供太

办公建筑的环境能源效率优化设计

A Design Guideline and Operation Handbook for Environment-Energy Efficiency Opimization on Government Owned Office Buildings

阳辐射模拟计算使用。

2）风环境模拟：建筑室外热岛模拟建立在建筑室外风环境模拟的基础上，求解建筑室外各种热过程从而实现建筑室外热岛强度计算，因而，建筑室外风环境模拟结果直接影响热岛强度计算结果。建筑室外热岛模拟需满足建筑室外风环境模拟的要求。包括计算区域、模型再现区域、网格划分要求、入口边界条件、地面边界条件、计算规则与收敛性、差分格式、湍流模型等。

3）太阳辐射模拟：建筑室外热岛模拟中，建筑表面及下垫面太阳辐射模拟是重要模拟环节，也是室外热岛强度的重要影响因素。太阳辐射模拟需考虑太阳直射辐射、太阳散射辐射、各表面间多次反射辐射和长波辐射等。实际应用中需采用适当的模拟软件，若所采用软件中对多次反射部分的辐射计算或散射计算等因素未加以考虑，需对模拟结果进行修正，以满足模拟计算精度要求。

4）下垫面及建筑表面参数设定：对于建筑各表面和下垫面，需对材料物性和反射率、渗透率、蒸发率等参数进行设定，以准确计算太阳辐射和建筑表面积下垫面传热过程。

5）景观要素参数设定：建筑室外热环境中，植物水体等景观要素对模拟结果的影响重大，需要模拟中进行相关设定。对于植物，可根据多孔介质理论模拟植物对风环境的影响作用，并根据植物热平衡计算，根据辐射计算结果和植物蒸发速率等数据，计算植物对热环境的影响作用，从而完整体现植物对建筑室外微环境的影响。对于水体，分静止水面和喷泉，应进行不同设定。工程应用中可对以上设定进行适当简化。

【输出结果】

建筑室外热岛强度模拟，可得到建筑室外温度分布情况，从而给出建筑室外平均热岛强度计算结果，以此辅助建筑景观设计。然而，为验证模拟准确性，同时应提供各表面的太阳辐射累计量模拟结果，建筑表面及下垫面的表面温度计算结果，建筑室外风环境模拟结果等。

3. 室外风环境模拟

【模拟目标】

通过风环境模拟,指导建筑在规划时合理布局建筑群,优化场地的夏季自然通风,避开冬季主导风向的不利影响。实际工程中需采用可靠的计算机模拟程序,合理确定边界条件,基于典型的风向、风速进行建筑风环境模拟,并达到下列要求:

1)在建筑物周围人行区 1.5m 处风速小于 5m/s;

2)冬季风速放大系数低于 2。

【常见模拟软件】

PHOENICS

【输入条件】

为保证模拟结果的准确性。具体要求如下:

1)计算区域:建筑覆盖区域小于整个计算域面积 3%;以目标建筑为中心,半径 5H 范围内为水平计算域。建筑上方计算区域要大于 3H;H 为建筑主体高度。

2)模型再现区域:目标建筑边界 H 范围内应以最大的细节要求再现。

3)网格划分:建筑的每一边人行区 1.5m 或 2m 高度应划分 10 个网格或以上;重点观测区域要在地面以上第 3 个网格和更高的网格以内。

4)入口边界条件:给定入口风速的分布 U(梯度风)进行模拟计算,有可能的情况下入口的 K、ε 也应采用分布参数进行定义;

5)地面边界条件:对于未考虑粗糙度的情况,采用指数关系式修正粗糙度带来的影响;对于实际建筑的几何再现,应采用适应实际地面条件的边界条件;对于光滑壁面应采用对数定律。

$$U(z) = U_S \left(\frac{z}{z_S} \right)^{\alpha}$$

$$I(z) = \frac{\sigma_u(z)}{U(z)} = 0.1 \left(\frac{z}{z_G} \right)^{(-\alpha-0.05)}$$

$$\frac{\sigma_u^2(z) + \sigma_v^2(z) + \sigma_w^2(z)}{2} \cong \sigma_u^2(z) = (I(z)U(z))^2$$

$$\varepsilon(z) \cong p_k(z) \cong -\overline{uw}(z) \frac{dU(z)}{dz}$$

$$\cong C_t^{1/2} k(z) \frac{dU(z)}{dz} = C_t^{1/2} k(z) \frac{U_S}{z_S} \alpha \left(\frac{z}{z_S} \right)^{(\alpha-1)}$$

办公建筑的环境能源效率优化设计

A Design Guideline and Operation Handbook for Environment-Energy Efficiency Opimization on Government Owned Office Buildings

6）计算规则与空间描述：注意在高层建筑的尾流区会出现周期性的非稳态波动。此波动本质不同于湍流，不可用稳态计算求解。

7）计算收敛性：计算要在求解充分收敛的情况下停止；确定指定观察点的值不再变化或均方根残差＜10E-4。

8）湍流模型：在计算精度不高且只关注1.5m高度流场可采用标准k-ε模型。计算建筑物表面风压系数避免采用标准k-ε模型，最好能用各向异性湍流模型，如改进k-ε模型等。

9）差分格式：避免采用一阶差分格式。

【输出结果】

1）在建筑物周围人行区1.5m处风速；

2）在建筑物周围人行区1.5m处风压。

4. 室外噪声模拟

【模拟目标】

声学模拟主要参考《民用建筑隔声设计规范》GB 50118—2010和《声环境质量标准》GB 3096—2008中的要求：

"声环境功能区噪声限制：按区域使用功能特点和环境质量要求，声环境功能区分为0类、1类、2类、3类、4类五个档位，《声环境质量标准》GB 3096—2008中对五类功能区的环境噪声限值做出明确规定，噪声限值已成为法律上的标准。在噪声超标民事纠纷中以此作为评判依据。（此条为强制性法规条文）"

本设计规范中以声环境功能区噪声限值为标准，需要输出声环境功能区噪声图。

【常见模拟软件】

Cadna/A

【输入条件】

为保证计算机声环境模拟的准确程度应输入噪声源、模拟区域地形、模拟区域范围内的建筑等因素，具体输入条件如下：

1）模拟分析所需要的区域范围内的建筑模型。

2）区域范围内的地形。

3）区域范围内街道、公路、声屏障等。

4）区域地块内实地测试的声环境功能区监测数据报告。因不同等级道路的交通流量、通过车型不同，所受到的环境噪声影响也不同，建议模拟中采用较为准确的实测道路交通噪声数据，或者是参考标准《汽车定置噪声限制》GB 16170—1996、《机动车辆允许噪声标准》（国家标准总局发布 1979 年 7 月 1 日试行）、《铁道客车噪声的评定》GB/T 12816—2006、《铁道机车辐射噪声限值》GB 13669—1992、《声环境质量标准》GB 3096—2008 等相关标准中的数据。

5）区域地块内噪声敏感建筑物监测数据报告。

【输出结果】

声环境功能区噪声

1）水平噪声面（高度 1.2m）模拟分析图，可清楚地表示出小区内噪声分布情况。

2）垂直噪声面（建筑窗外 1m）模拟分析图，可清楚地表示出建筑物立面各个部位受噪声影响的情况。

3.6.2.3　室内环境性能分析工作平台

1. 自然采光模拟

【模拟目标】

在《建筑采光设计标准》GB/T 50033—2013 中给出了不同建筑类型的采光系数标准值，规定了应满足的室内采光系数最低值 C_{min}（%）和室内天然光临界照度（1x）两个标准：

1）采光系数最低值 C_{min}（%）：根据不同建筑类型和房间类型规定了应符合的采光系数最低值。

2）室内天然光临界照度（1x）：即对应室外天然光临界照度时的室内天然光照度。不同的光气候分区规定了不同的室外天然光临界照度。

【常见模拟软件】

Ecotect

【输入条件】

1）根据所在地市所属光气候区确定室外天然光临界照度值取值。

2）建筑总体布置图以及建筑具体轮廓线，窗户洞口位置，窗户形式和玻璃类型（玻璃透过率以及室内地面、顶棚和墙面的反射比，可参考《建筑照明设计标准》GB 50034—2013，建议模型中考虑周围遮挡建筑以及室内户型图；公共建筑应考虑吊顶高度，周围遮挡建筑建议考虑水平 15°夹角内高层建筑。

3）天空模型：CIE 全阴天模型（CIE Overcast Sky）

办公建筑的环境能源效率优化设计

A Design Guideline and Operation Handbook for Environment-Energy Efficiency Opimization on Government Owned Office Buildings

4）室外天然光临界照度值：5000lx

5）参考平面：距室内地面800mm高的水平面

6）网格间距：不超过1000mm（建议各向网格最少数量不低于10）

【输出结果】

室内参考平面采光系数最低值；

室内参考平面采光系数等值线图和室内参考平面天然光临界照度等值线图可以清楚地表示出室内采光分布情况。

2. 自然通风模拟

自然通风模拟根据侧重点不同有两种模拟方法：一种为多区域网络模拟方法，其侧重点为建筑整体通风状况，为集总模型，可以与建筑能耗模拟软件相结合；另一种为CFD模拟方法，可以详细描述单一区域的自然通风特性。

【模拟目标】

在室外设计的气象条件下（风速，风向），室内的自然通风次数。

（1）多区域网络模拟方法

【常见模拟软件】

ContamW

【输入条件】

1）建筑通风拓扑路径图，并据此建立模型；

2）通风洞口阻力模型；

3）洞口压力边界条件（可根据室外风环境得到）；

4）如计算热压通风需要室内外温度条件以及室内发热量及室外温度条件；

5）室外压力条件；

6）模型简化说明。

【输出结果】

建筑各房间通风次数。

（2）CFD模拟方法

【常见模拟软件】

PHOENICS

【输入条件】

模拟边界条件：

1）室外气象参数的确定

自然通风室外风速、温度随时变化，用气象站测得每日逐时风速和温度模拟虽然能直观反映出夏季自然通风情况，但对于 CFD 求解流场的微观特性而言，计算成本相当巨大，不易实现。针对本模拟作为室内自然通风下室内空气品质研究，选择具有代表性的室外模拟风速、温度，并按稳态进行模拟。

（a）门、窗压力取值

通过室外风环境模拟结果读取各个门窗的平均压力值。

（b）室外温度取值

由于自然通风房间没有室内设计温度，壁面热流无法根据空调房间冷负荷确定，因此在 CFD 模拟中采用室外温度作为墙体和屋面的外壁面热边界条件。壁面简化为各向同性材质，CFD 根据壁面厚度和热工性能作一维导热计算。然而自然通风室外温度同样随时变化，自然通风温度和相对湿度采用室外计算温度。

（c）相对湿度

相对湿度对空气品质的影响仅表现在温度增高时，所以只作为热舒适判定条件而不作为模拟边界条件。

2）边界条件确定

同样作为稳态处理，考虑人员散热量、组合床、屋面、外墙朝向及其热工性能，边界条件的确定如下：

（a）屋面：屋面同时受到太阳辐射和室外空气温度的热作用。采用室外综合温度来引入太阳辐射产生的温升。室外综合温度计算见式：

$$t_s = t_w + \frac{\rho J}{a_w}$$

t_s—室外综合温度，℃；

t_w—室外空气计算温度，℃；

ρ—围护结构外表面对太阳辐射的吸收系数；

J—围护结构所在朝向的日间太阳总辐射强度 W/m^2；

a_w—围护结构外表面换热系数 W/m^2·K，可取 23W/m^2·K。

（b）太阳光直射的墙：处理方法同屋面。

办公建筑的环境能源效率优化设计

A Design Guideline and Operation Handbook for Environment-Energy Efficiency Opimization on Government Owned Office Buildings

（c）非太阳直射的墙：由于没有阳光直接照射，因此忽略其辐射传热。墙壁按恒温设定，室外侧取室外模拟温度，室内侧取室内温度。

（d）顶棚：忽略顶棚内热源。

（e）地板或楼板：考虑太阳辐射时，透过窗户的太阳辐射会使部分地板吸热升温，处理地板温度时近似将太阳辐射按照地板面积平均。透过玻璃窗进入室内的日射得热见下式：

$$CLQ = FC_sC_nD_{j,max}C_{LQ}$$

式中 CLQ—透过玻璃窗进入室内的日射得热；

F—玻璃窗净有效面积，m^2，是窗口面积乘以有效面积系数 C_a；

$D_{j,max}$—日射得热因数最大值，W/m^2；

C_s—玻璃窗遮挡系数；

C_n—窗内遮阳设施遮阳系数；

C_{LQ}—冷负荷系数。

（f）人员：宿舍内人员作为特殊的边界，其发热量按北京市《居住建筑节能设计标准》DB11/T 891—2012 或《公共建筑节能设计标准》GB 50189—2015 规定取值。

（g）除设备等发热外的其他物体，按绝热边界处理。

模拟注意点：

1）模拟按照稳态进行分析；

2）如果室内热源的干扰远远大于墙体的传热，则可忽略墙体的导热部分的热量，但太阳辐射得热不能忽略。

【输出结果】

1）建筑各房间通风次数；

2）房间平均流速；

3）室内温度分布；

4）室内空气龄分布。

3.6.2.4 建筑能耗模拟分析工作平台

【模拟目标】

首先计算参照建筑在规定使用条件下的全年能耗，然后计算所设计建筑在相同条件下的全年能耗，当所设计建筑的全年能耗不大于参照建筑全年能耗时，则满足要求。建筑全年能耗需借助模拟软件完成。

所设计建筑和参照建筑的全年能耗应按照以下规定进行。

【常见模拟软件】

Equest、IES⟨VE⟩、DeST

参照建筑和设计建筑的设定参数

表31

设定内容		参照建筑	设计建筑
围护结构热工参数		地方《居住建筑节能设计标准》或《公共建筑节能设计标准》GB 50189—2015规定取值	实际设计方案
使用条件设定	空调采暖温湿度设定参数	地方《居住建筑节能设计标准》或《公共建筑节能设计标准》GB 50189—2015规定取值	
	新风量	地方《居住建筑节能设计标准》或《公共建筑节能设计标准》GB 50189—2015规定取值	
	内部发热量（灯光/室内人员/设备）	地方《居住建筑节能设计标准》或《公共建筑节能设计标准》GB 50189—2015规定取值	
	室外气象计算参数	典型气象年气象数据	

【输入条件】见表31。

模拟注意点：

1）参照建筑与所设计建筑的空调和采暖能耗必须用同一个动态计算软件计算；

2）采用典型气象年数据计算参照建筑与所设计建筑的空调和采暖能耗。

【输出结果】设计建筑、参照建筑全年负荷、能耗。

3.6.3 移动终端辅助决策平台

3.6.3.1 "移动终端辅助决策平台"的组成与目标

为了令本导则所涉及的各技术策略在实际项目设计时，更有效地围绕"效率"目标，实现理性组织，帮助建筑师对设计过程中，可能出现的不同技术方案的"环

办公建筑的环境能源效率优化设计

A Design Guideline and Operation Handbook for Environment-Energy Efficiency Opimization on Government Owned Office Buildings

境能源效率"进行定量化评价，从而做出最有利于提升项目环境能源效率的设计决策，本导则提供了分别基于智能手机和个人电脑的两种"环境能源效率设计优化辅助决策工具"，供建筑师使用。二者均针对设计过程的方案、初步设计和施工图三个主要阶段，提供了不同的评价分析模块，而其中基于智能手机的"E设计优化大师"主要立足易用性，强调发挥智能手机的便利性，帮助建筑师通过简单操作，即时对备选方案做出"环境能源效率"判断；基于个人电脑的"E设计优化计算器（EDesignOptimizer, EDO）"则主要着眼建立不同备选方案的比选，通过直接生成的评价报告和多方案比较，帮助建筑师对不同备选方案的"效率"高下，做出迅速的判断，从而为原来更多基于经验的、感性的设计方案优化，提供量化的支撑工具，从而有利于在设计阶段，对项目做出科学决策。

未来通过与数据库信息的对接，"环境能源效率设计优化辅助决策工具"还可以成为项目业主方，判断自身项目在同类型项目中的"环境能源效率"评价的位置提供直观依据，有助于对前期策划修正、后期运营维护的预判，提供更多有价值的信息和支持。

3.6.3.2　"移动终端辅助决策平台"的工作原理
　　"环境能源效率设计优化辅助决策工具"的运行主要依据"建筑环境能源效率优化评价"方法，该方法的具体工作原理如下：

备选方案应满足"建筑环境能源效率优化评价"所有控制项的要求，控制项全部达标后，Q指标和L指标各获得基础分50分。可选项的Q指标和L指标分别计算得分。当存在两种得分途径时，建设项目可根据自身情况采用其中一种得分途径打分。

评价时需逐级计算指标得分。
1）3级指标得分计算
根据第七部分所规定的分值逐条打分；

2）2级指标得分计算
2级指标得分=3级指标累计得分×权重

注：3级指标累计得分计算方法见第七部分表格最后一列。

3）1级指标得分计算

1级指标得分=（2级指标a得分+ … +2级指标n得分）/（2级指标a满分×权重+ … +2级指标n满分×权重）×50

4）项目Q和L值计算

项目的Q值＝Q指标基础分+Σ1级Q指标得分×权重

项目的L值＝100-（L指标基础分+Σ1级L指标得分×权重）

5）根据Q和L的最终得分，评价不同方案的"环境能源效率"表现，从而为最终设计决策，提供依据（图52、表32）。

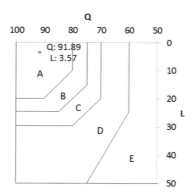

图52 环境能源评价与决策优化流程示意

办公建筑的环境能源效率优化设计

A Design Guideline and Operation Handbook for Environment-Energy Efficiency Opimization on Government Owned Office Buildings

表32

建筑环境能源效率策略优化评价表

类别	一级指标	权重	二级指标	权重	分值	三级指标	好	中	差	方案	初步设计	施工图	得分
Q	环境性能控制项	—	室外环境性能控制项	—	—	冬季建筑物前后压差不大于5Pa	—	—	—	□	▨	■	—
			室内环境性能控制项	—	—	环境噪声达标度	—	—	—	□	▨	■	—
						室内热参数达标度	—	—	—	□	▨	■	—
						室内采光系数达标度	—	—	—	□	▨	■	—
						室内照明参数达标度	—	—	—	×	※	※	—
						材料有害物控制达标度	—	—	—	×	※	※	—
						构件隔声性能达标度	—	—	—	×	※	※	—
			服务质量控制项	—	—	无障碍设计达标率	—	—	—	□	▨	■	—
						智能化系统达标率	—	—	—	×	▨	■	—
	室外环境 0.33		Q1-1 阳光通道	0.10	—	阴影包络线覆盖率 好—100%；中—80%；差—60%	5	3	1	□	▨	■	按实际得分计
			Q1-2 下垫面材料			①采用太阳辐射吸收系数低的屋顶、场地铺装及立面材料：好—屋顶、场地、立面辐射吸收系数均≤0.5；中—平均值≤0.5；差—平均值>0.5	5	3	0	×	▨	■	$5 \times$（①+②+③+④）/20，阶段不适用按不参评处理
						②地面停车比例不超过30%：好—不超过10%，≤20%；差—>20%，≤30%	5	3	1	□	▨	■	
						③透水铺设面积比不小于50%：好—≥70%；中—<70%，≥50%；差—不足50%	5	3	0	□	▨	■	
						④无充分的绿地覆盖：好—绿地率不小于30%（新区）、25%（旧区）；中—绿地率满足规划设计要求；差—绿地率未满足规划设计要求	5	3	0	□	▨	■	

续表

类别	一级指标	权重	二级指标	权重	三级指标	分值	好	中	差	方案	初步设计	施工图	得分
Q	室外环境	0.33	Q1-1-3 场地遮荫	0.10	①硬质地面遮荫率大于30%		4	—	—	×	▨	■	5×（①+②+③+④）/10，阶段不适用按不参评处理
					②建筑采用立体绿化：好－屋顶绿化面积比≥50%；中－采用了立体绿化措施；差－未采用立体绿化措施		4	2	0	□	▨	■	
					③建筑南向采用适宜植被		1	—	—		▨	■	
					④建筑西侧采用植被遮阳		1	—	—	□	▨	■	
			Q1-2-1 总平面布局	0.08	①通风路径设计		5	—	—		▨	■	5×（①+②）/10，阶段不适用按不参评处理
					②适当降低场地建筑密度：好－比规划设计条件所设定的密度值低20%；中－低10%；差－满足要求		5	3	1	□	▨	■	
			Q1-2-2 建筑形态	0.09	①迎风面积比≤0.7		5	—	—	□	▨	■	5×（①+②+③+④）/20
					②体形组合通风优化		5	—	—		▨	■	
					③底层架空论证		5	—	—		▨	■	
					④建筑高宽比满足要求		5	—	—		▨	■	
			Q1-2-3 景观调节	0.09	①合理设置导风设施		5	—	—		▨	■	5×（①+②）/10，阶段不适用按不参评处理
					②围墙通风面积比≥40%		5	—	—	×	※		
			Q1-3-1 控制噪声源	0.10	①噪声源分析合理		5	—	—		▨	■	5×（①+②）/10
					②场地内无未经处理的强噪声源		5	—	—		▨	■	
			Q1-3-2 设置声屏障	0.08	①进行噪声专项设计		3	—	—		▨	■	5×（①+②+③）/10
					②合理设置声屏障		5	—	—		▨	■	
					③合理利用景观改善地声环境质量		2	—	—		▨	■	
			Q1-4 人文环境	0.27	①合理利用本地材料		5	—	—		▨	■	10×（①+②+③）/20，阶段不适用按不参评处理
					②本地植物指数≥0.7		5	—	—	×	※		
					③设置开放共享场所：好－公共开放空间不低于基地总面积的20%；中－设有公共开放空间；差－没有公共开放空间		10	6	2	□	▨	■	

办公建筑的环境能源效率优化设计

A Design Guideline and Operation Handbook for Environment-Energy Efficiency Opimization on Government Owned Office Buildings

续表

类别	一级指标	权重	二级指标	权重	分值	三级指标	好	中	差	方案	初步设计	施工图	得分
Q	室内环境	0.34	Q2-1 室内热环境	0.25		①提高"被动区"占比	10	7	3	□	▨	■	15×(①+②)/15
						②适宜的空调分区	5	3	1	□	▨	■	
			Q2-2 室内光环境	0.25		①主要功能空间进深净高比≤2	5	—	—	□	▨	■	15×(①+②+③)/15,阶段不适用按不参评处理
						②主要功能空间室内视野比≥60%。好-≥75%,<85%；中-≥60%,<75%；差-≥85%	5	3	1	□	▨	■	
						③主要功能空间采用防眩光措施面积比≥50%。好-100%；中-≥70%；差-50%~70%	5	3	1	×	※	■	
			Q2-3 室内空气质量	0.25		①对开窗的通风效果进行优化论证	5	—	—	□	▨	■	10×(①+②)/10,阶段不适用按不参评处理
						②人流密集空间采用CO_2智能监测并与新风系统联动。好-采用智能监测；中-采用智能监测,未与新风系统联动；差-未设置智能监测	5	3	0	×	▨	■	
			Q2-4 室内声环境	0.25		①平面布局进行降噪优化	2	1	0	□	▨	■	10×(①+②+③+④+⑤)/10,阶段不适用按不参评处理
						②采用低噪声设备。好-全部采用低噪声设备；中-存在少量噪声超标设备,差-大部分设备超标	2	1	0	×	▨	■	
						③噪声源采用合理的降噪措施。好-采取了合理的降噪措施；差-未采取降噪措施	2	—	0	×	※	■	
						④进行合理的隔声设计。好-噪声房间进行了隔声设计；中-仅使用了隔声门；差-未考虑隔声设计	2	1	0	×	※	■	
						⑤对特殊空间进行声环境设计。好-进行了精细的声环境设计；中-进行了声环境设计；差-未进行声环境设计	2	1	0	×	※	■	

续表

类别	一级指标	权重	二级指标	权重	分值	三级指标	好	中	差	方案	初步设计	施工图	得分
Q	服务质量	0.33	Q3-1-1 适宜的规模	0.15		建筑面积达标率：好－对建筑规模合理性进行了精细化设计；中－主要功能空间规模满足规范要求；差－存在主要功能空间规模超标现象	10	5	0	□	▦	■	按实际得分计
			Q3-1-2 高效的服务	0.35		①交通空间的多用途设计：好－门厅、走廊、楼梯间等交通空间结合绿化、休憩/会谈、展示等多用途设计；中－门厅、走廊结合绿化、休憩、展示等多用途设计；差－门厅结合绿化、休憩、展示等多用途设计	5	3	1	□	▦	■	10×（①+②+③）/10
						②服务电梯配备标准满足要求	3	—	—	□	▦	■	
						③合理控制公共辅助服务空间的规模与数量	2	—	—	□	▦	■	
			Q3-2-1 模数协调	0.10		进行合理的模数协调设计：好－模数选择与功能匹配良好；中－进行了模数协调设计；差－未考虑模数协调设计	10	5	0	□	▦	■	按实际得分计
			Q3-2-2 建筑层高	0.32		①非灵活隔断（墙）围合功能的房间合内空间总面积之比：好－≤ 10%；中－> 10%，≤ 30%；差－超过 30%	5	3	0	□	▦	■	10×（①+②）/10
						②建筑层高 按 3.6～4.2m 控制：好 -4.2m > h > 4m；中 -4m > h > 3.8m；差 -3.8m ≥ h > 3.6m	5	3	1	□	▦	■	
			Q3-2-3 设备的可更新性	0.09		①机电管道更新方便：好－可不损伤结构实现管道更新；中－可管道更新；差－管道更新需要破坏结构	5	3	0	×	※	■	10×（①+②）/10，阶段不适用按不参评处理
						②预留大型设备更换口：好－预留大型设备更换口；中－标识出可拆卸部位用于可能的大型设备的更换；差－未考虑大型设备的更换	5	3	0	×	※	■	

办公建筑的环境能源效率优化设计

A Design Guideline and Operation Handbook for Environment-Energy Efficiency Opimization on Government Owned Office Buildings

续表

类别	一级指标	权重	二级指标	权重	分值	三级指标	好	中	差	方案	初步设计	施工图	得分
L	能源消耗控制项	—	采暖空调节能控制项	—	—	节能设计满足相关规范要求	—	—	—	□	▨	■	—
			照明及设备节能控制项			照明功率密度达标率	—	—	—	×	▨	■	—
	采暖空调能耗	0.60	L1-1-1 平面形式	0.1		采用与气候相应的平面形式的模拟分析，采取最优的平面形式：好－经用导则推荐的平面形式进行相关论证；中－采用导则推荐的平面形式；差－未进行相关关分析论证	5	3	0	□	▨	■	按实际得分计
			L1-1-2 朝向	0.1		①建筑主体朝向处在最佳朝向±5°范围内：好－在最佳朝向范围；中－在最佳朝向范围内；差－未在最佳朝向范围内	5	3	0	□	▨	■	5×（①+②）/10，阶段不适用按不参评处理
						②主要功能房间朝向吻合率满足要求。好－吻合率超过80%；中－吻合率超过50%；差－吻合率低于50%	5	3	0	□	▨	■	
			L1-1-3 外围护结构	0.1		①适当提高外围护结构热工性能	5	3	1	×	▨	■	5×（①+②）/10，阶段不适用按不参评处理
						②不采用玻璃幕墙	5	—	—	□	▨	■	
			L1-1-4 遮阳（严寒地区本条不参评）	0.06		①自遮阳设计	2	2	—	□	▨	■	2×（①+②+③）/6
						②东西向外窗采用活动外遮阳措施	2	—	—	□	▨	■	
						③外遮阳装置的复合设计	2	—	—	×	▨	■	
			L1-1-5 自然通风	0.04		①通风开口面积相应比例满足要求	3	2	1	□	▨	■	3×（①+②+③）/9，阶段不适用按不参评处理
						②利用交通空间强化自然通风效果：好－利用交通空间促进自然通风；中－通过下沉庭院或半地下室，实现地下空间自然通风；差－未进行相关设计	3	2	0	□	▨	■	
						③采用吊扇等机械通风方式加强室内空气流通，减少空调方式：好－利用机械通风方式，减少空调使用时间；中－未利用机械通风方式，差－不恰当地采用机械通风方式	3	1	0	×	▨	■	

续表

类别	一级指标	权重	二级指标	权重	三级指标	分值	好	中	差	方案	初步设计	施工图	得分
L	采暖空调能耗	0.60	L1-2-1 高效冷热源	0.2	合理选择暖通空调系统形式：好-进行了详准确的分析论证；中-未进行相关论证，但设计尽相关原则满足范要求，未出现违反本列所列原则现象；差-存在违反导则所列所列原则情形	10	10	5	0	×	▨	■	按实际得分计
			L1-2-2 节能输配系统	0.1	① 合理设定供回水温度	5	5	—	—	×	▨	■	5×（①+②+③+④+⑤+⑥）/30，阶段不适用按不参评处理
					② 全空气空调系统采取实现全新风运行或可调新风比的措施	5	5	—	—	×	▨	■	
					③ 合理采用变频或变风量控制技术	5	5	—	—	×	▨	■	
					④ 风系统的作用半径≤90m	5	5	—	—	×	▨	■	
					⑤ 合理设计排风热回收系统：好-合理采用排风热回收系统；中-经论证不采用排风热回收系统；差-未进行相关考虑	5	5	3	0	×	▨	■	
					⑥ 空调室外机组布置有利于提高散热效率	5	5	—	—	×	※	■	
			L1-2-3 节能末端选择	0.1	① 主要功能房间采用能独立开启的空调末端	5	5	—	—	×	▨	■	5×（①+②+③）/15，阶段不适用按不参评处理
					② 主要功能房间采用能进行温湿度独立调节的空调末端	5	5	—	—	×	▨	■	
					③ 合理采用辐射型空调末端	5	5	—	—	×	▨	■	
			L1-3-1 可再生能源被动利用	0.06	① 合理采用自然采光增强措施	3	3	—	—	□	▨	■	3×（①+②+③）/9
					② 合理采用自然通风优化策略	3	3	—	—	□	▨	■	
					③ 合理采用地道通风系统（经论证采用，本项不参评）	3	3	—	—	□	▨	■	
			L1-3-2 可再生能源主动利用	0.06	① 技术应用合理性分析论证	3	3	—	—	□	▨	■	3×（①+②）/6
					② 进行一体化设计：好-进行了一体化设计；中-进行了综合考虑和设计；差-一体化设计效果差	3	3	2	0	□	▨	■	

办公建筑的环境能源效率优化设计

A Design Guideline and Operation Handbook for Environment-Energy Efficiency Opimization on Government Owned Office Buildings

续表

类别	一级指标	权重	二级指标	权重	三级指标	好	中	差	方案	初步设计	施工图	得分
L	采暖空调能耗	0.60	L1-4-1 分项计量	0.04	设置分项计量系统	2	—		×	▨	■	按实际得分计
			L1-4-2 灵活控制	0.04	暖通空调系统可实现分区分时控制：好-可全部实现分区分时控制；中-主要功能空间可实现灵活控制；差-不可以灵活控制	2	1	0	×	▨	■	按实际得分计
	照明及其他能耗	0.40	L2-1-1 高效光源	0.25	①采用节能光源	10	—	—	×	▨	■	15×（①+②）/15，阶段不适用按不参评处理
					②使用高效灯具	5	—	—	×	▨	■	
			L2-1-2 合理布局与空间设计	0.25	照明布局合理	10	—	—	×	※	■	按实际得分计
			L2-1-3 照明控制	0.25	①大型公共区域可实现分时、分区控制调节	5	3	0	×	※	■	10×（①+②）/10，阶段不适用按不参评处理
					②智能控制。好-智能控制面积比≥75%；中-75%≥智能控制面积比≥50%；差-50%≥智能控制面积比≥25%	5	3	1	×	▨	■	
			L2-2 其他设备能耗	0.25	①采用节能电梯 好-电梯能耗标识达到二级或电梯能耗标识达到二级，并安装节能运行模块；中-有节能运行模块；差-无节能设计	10	5	0	×	▨	■	15×（①+②）/15，阶段不适用按不参评处理
					②主要设备能耗标识均达到三级以上：好-达到二级以上；中-达到三级以上；差-无标识	5	3	0	×	▨	■	

注：1. 控制项不设权重与得分，用"—"表示；

2. ×※ 分别表示方案、初步设计阶段该项不适用；□▨■ 分别表示方案、初步设计、施工图阶段该项适用

3.6.3.3　"移动终端辅助决策平台"的用户界面与报告样本

1.E 设计优化大师

1）用户界面（图 53）。

2）　报告样本（图 54）。

图 53　用户界面

图 54　报告样本

2.E 设计优化工具

1）用户界面

"E 设计优化工具"基于 Microsoft Office 的 Excel 平台开发，主要由"方案"、"初步设计"、"施工图"、"比较"四个模块构成，分别对应三个不同的设计阶段以及进行多方案的横向比较（图 55）。具体操作：建筑师根据对"三级指标"的响应情况，"打开"或"关闭"不同的指标项，最终点取"评估"项，

办公建筑的环境能源效率优化设计

A Design Guideline and Operation Handbook for Environment-Energy Efficiency Opimization on Government Owned Office Buildings

图 55 用户界面

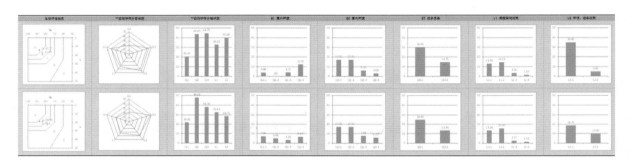

图 56 报告样本一

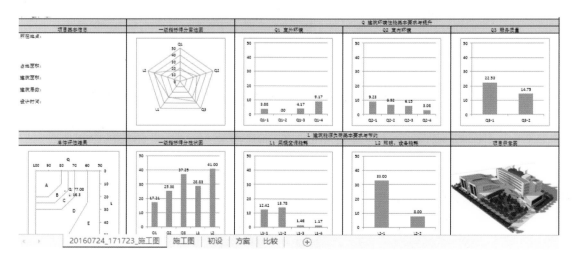

图 57 报告样本二

自动生成"评价结果"。

2）报告样本（图56、图57）。

3.7 导则用词说明

1. 为了便于执行本标准条文时区别对待，对要求严格程度不同的用词说明如下：

1） 表示很严格，非这样做不可的：正面词采用"必须"；反面词采用"严禁"。

2）表示严格，在正常情况下均应这样做：正面词采用"应"，反面词采用"不应"或"不得"。

3）表示允许稍有选择，在条件允许时首先应这样做的：正面词采用"宜"，反面词采用"不宜"。表示有选择，在一定条件下可以这样做的采用"可"。

2. 本标准中指明应按其他有关标准、规范执行时，写法为："应符合……的规定"或"应按……执行"。

3.8 引用标准名录

1. 《绿色建筑评价标准》GB/T 50378—2014；

2. 《绿色办公建筑评价标准》GB/T 50908—2013；

3. 《办公建筑设计规范》JGJ 67—2006；

4. 《民用建筑绿色设计规范》JGJ/T 229—2010；

5. 《声环境质量标准》GB 3096—2008；

6. 《公共建筑节能设计标准》GB 50189—2015；

7. 《建筑采光设计标准》GB 50033—2013；

8. 《建筑照明设计标准》GB 50034—2013；

9. 《民用建筑隔声设计规范》GB 50118—2010；

10. 《民用建筑热工设计规范》GB 50176—2016；

11. 《智能建筑设计标准》GB/T 50314—2015；

12. 《智能建筑工程质量验收规范》GB 50339—2013；

13. 《民用建筑供暖通风与空气调节设计规范》GB 50736—2012；

14. 《室内空气质量标准》GB/T 18883—2002；

15. 《建筑工程设计信息模型交付标准》；

16. 《关于印发党政机关办公用房建设标准的通知》（发改投资〔2014〕2674号）；

17. 《政府投资财政财务管理手册》；

办公建筑的环境能源效率优化设计

A Design Guideline and Operation Handbook for Environment-Energy Efficiency Opimization on Government Owned Office Buildings

18. 《国务院办公厅关于严格执行公共建筑物空调温度控制标准的通知》
（国办发［2007］42 号文）；

19. 《全国民用建筑工程设计技术措施》；

20. 《室内装饰装修材料人造板及其制品中甲醛释放限量》GB 18580—2017；

21. 《室内装饰装修材料溶剂木器涂料中有害物限量》GB 18581—2009；

22. 《室内装饰装修材料内墙涂料中有害物质限量》GB 18582—2008；

23. 《室内装饰装修材料胶粘剂中有害物质限量》GB 18583—2008；

24. 《室内装饰装修材料木家具中有害物质限量》GB 18584—2001；

25. 《室内装饰装修材料壁纸中有害物质限量》GB 18585—2001；

26. 《室内装饰装修材料聚氯乙烯卷材地板中有害物质限量》GB 18586—2001；

27. 《室内装饰装修材料地毯、地毯衬垫及地毯用胶粘剂中有害物质释放量》GB 18587—2001；

28. 《室内装饰装修材料混凝土外加剂释放氨的限量》GB 18588—2001；

29. 《长沙市绿色建筑设计导则》；

30. 重庆市《公共建筑节能（绿色建筑）设计标准》DBJ 50—052—2016；

31. 《玻璃幕墙光学性能》GB/T 18091—2015；

32. 《城市夜景照明设计规范》J 822—2008；

33. 《采光测量方法》GB/T 5699—2017；

34. 《照明测量方法》GB/T 5700—2008；

35. 《工业企业噪声控制设计规范》GB/T 50087—2013；

36. 《工业企业噪声测量规范》GB/J 122—1988；

37. 《建筑材料放射性核素限量》GB 6566—2010；

38. 《城市居住区热环境设计标准》JGJ 286—2013；

39. 《武警内卫执勤部队营房建筑面积标准（试行）》（〔2003〕武后字第 39 号）；

40. 《中国人民解放军营房建筑面积标准》（2009 年）；

41. 《严寒和寒冷地区居住建筑节能设计标准》JGJ 26—2010；

42. 《中国建筑热环境分析专用气象数据集》；

43. 《汽车定置噪声限制》 GB 16170—1996；

44. 《机动车辆允许噪声标准》（国家标准总局发布 1979 年 7 月 1 日试行）；

45. 《铁道客车内部噪声限值及测量方法》GB/T12816—2006；

46. 《铁道机车辐射噪声限值》GB 13669—1992；

47. 北京市《居住建筑节能设计标准》DB11/T 891—2012；

48. 《节能优化运行策略》；

49.《场址检测报告》；

50.《环境影响评价报告》；

51.《城市区域环境噪声标准》GB 3096—2008；

52.《建筑外门窗气密、水密、抗风压性能分级及检测方法》GB/T 7106—2008；

53.《建筑幕墙》GB/T 21086—2007；

54.《建筑给水排水设计规范》GB 50015—2003；

55.《节水型生活用水器具》CJ/T 164—2014；

56.《节水型产品通用技术条件》GB/T 18870—2011；

57.《商场（店）、书店卫生标准》GB 9670—1996；

58.《无障碍设计规范》GB 50763—2012；

59.《Energy and Environment in Architecture》（2005 年）；

60.《台湾地区办公类建筑节能设计技术规范》。

办公建筑的环境能源效率优化设计

A Design Guideline and Operation Handbook for Environment-Energy Efficiency Opimization on Government Owned Office Buildings

第四章 典型公共机构办公建筑环境能源效率优化运行手册

4.1 手册前言

我国大量的公共机构目前普遍存在能耗指标高、环境品质低、绿色节能技术支撑不足以及建筑绿色运行不到位等问题。本手册以提升公共机构环境能源效率为核心，针对不同气候区的典型公益性公共机构与典型基层公共机构，在保证、改善、提升办公楼主要空间室内环境质量的基础上，通过优化运行的方式降低建筑能耗。

"环境能源效率"中的"环境"，指的是"建筑环境性能"，即建筑项目构建的室内外环境对使用者带来的影响（包括室内外物理环境质量，例如自然通风、自然采光、声环境，室外风环境、热岛，日照和噪声污染等），以及由建设项目引起的对外部大环境带来的冲击和负荷（包括对各种能源、资源的消耗、对生态多样性的影响、对周边环境的冲击等）；"能源"指的是为实现这些"建筑环境性能"所消耗的能量。"效率"指的是"建筑环境性能"与为之付出的"能源"代价之间的比较关系。

基于"环境能源效率"的优化途径首先决定于规划设计阶段，设计完成后，建筑就具有了"先天"的"环境能源效率"特征，但是后期的运行管理过程中，运行管理的好坏，建筑设计策略的是否落实，直接影响到建筑的环境性能以及能源的使用效率是否打下坚实基础。

本手册由基本说明、建筑环境性能优化运行提升策略、建筑用能优化运行与提升策略、案例、附录等部分组成。其中：

1. "基本说明"部分明确了对公共机构建筑设计推行"环境能源效率"优化的基本要求，手册的适用对象等；

2. "建筑环境性能优化运行提升策略"部分是本手册涉及的提升建筑环境性能的措施，主要包括室外环境、室内热环境、光环境、声环境、室内空气品质五大方面；

3. "建筑用能优化运行与提升策略"部分介绍了和建筑用能相关的运行策略方法，包括项目交接与调适，采暖空调系统，以及包含照明，办公设备的运行注意点。

本手册主要为项目全寿命周期中的策划与设计、施工与运营阶段的最后一环提供必要的基础性支持。

本手册适用于全国乡（镇）级及以上各级机关（包括党政机关，人大机关，行政机关，政协机关，审判机关，检察机关，参公单位和工、青、妇等社会团体机关，以及各级机关组成机构、直属机构、派出机构和直属事业单位等）既有建筑的环境能源效率优化运行引导，其他公共机构可参照本手册执行。

公共机构办公建筑的运行除应符合本手册外，尚应符合国家现行有关标准的规定。

4.2　基本说明

4.2.1　编制原则

我国大量的公共机构目前普遍存在能耗指标高、环境品质低、绿色节能技术支撑不足等问题。本手册以提升公共机构环境能源效率为核心，以公共机构办公建筑的优化运行为立足点，从提升建筑环境质量、减少建筑能源消耗等方面入手，提出基于环境能源效率的优化运行策略体系，构建全过程跨专业协同配合的运行管理流程。

基于"环境能源效率"的优化途径首先决定于规划设计阶段，完善于施工阶段，最终靠运行阶段来实现。目前有关公共机构的运行管理普遍采用传统的"安全即可，能用即成"的思路，缺少基于环境能源效率的优化运行策略，如果无法构建运行阶段的优化策略体系，那么就会使得设计时基于环境能源效率所采用的一切方法和手段无法得到有效落实，从而使得环境能源效率全过程管理中缺少最终的落实环节。

基于"环境能源效率"的运行优化，作为环境能源效率全过程管理中的重要一环，应将设计阶段所采取的优化技术措施在运行过程中调节得当从而确保效果。与此同时，运行优化还要对目前运行过程中存在的普遍问题进行指导。总之就是要在运行过程中，在确保适宜的室内外环境性能的前提下，进一步提高公共机构建筑节能水平。为此，本手册编制遵循如下原则：

针对性原则：本手册应针对《公共机构——办公建筑环境能源效率优化设计导则》中所提各项优化技术措施，提出合理的运行指导意见；

实用性原则：针对目前运行环节中普遍存在的问题给出明确的指导意见，而不是作为运行维护手册类资料面面俱到；

本手册主要为项目全寿命周期中的施工验收及运营阶段服务，同时为类似项目的

办公建筑的环境能源效率优化设计

A Design Guideline and Operation Handbook for Environment-Energy Efficiency Opimization on Government Owned Office Buildings

设计提供经验性基础数据。

4.2.2　基本要求

将建筑的运行生命按时间顺序划分为两个阶段：一、项目交接和调适阶段；二、项目正常运行阶段。

1. 项目交接和调适阶段自项目交付使用之日起算，约需要1年时间。在此之后，项目进入正常运行阶段。

2. 在项目交接和调适阶段应按照本手册第三部分要求接收相关资料的移交和对一些关键环节的检查验收工作，以确保项目在后期运行时基础资料齐全、项目不应有明显的工程质量等问题造成运行调节的不便等。

3. 中央空调系统的运行管理宜采用自动监测和实时诊断系统作为工具，当项目交接时不具有自动监测和实时诊断系统时，宜在项目的后续运行过程中逐步建设和完善。

【条文说明】中央空调系统专业性较强，而运行人员往往不具备相应的专业知识，因此建议对于中央空调系统的运行实施自动监测和实时诊断系统。自动监测可节省人力物力，利用监测的数据进行实时诊断，并将诊断结果转变为可操作的指令传送给运行操作人员，由此加强运行管理的技术保障性。

4. 当中央空调系统配备自动监测和实时诊断系统时，运行人员应根据运行监测和自动诊断系统的提示来优化调节空调系统的运行。若未配备相应的自动监测和实时诊断系统的项目，应根据本手册要求完成《节能优化运行策略》。

【条文说明】

对于设置自动监测和实时诊断系统的项目：

1）项目的环境质量巡查、能耗计量和空调系统运行记录均由自动监测和实时诊断系统完成，无需专人负责。

2）每半年对自动监测系统的传感器进行检验一次。

3）每年需组织专业技术人员对实时诊断计算的结果进行评估一次。

对于未设置自动监测和实时诊断系统的项目：

1）应将《节能优化运行策略》作为项目调适的成果文件之一，并张贴于空调机组的明显位置。《节能优化运行策略》的内容需至少包括项目基本信息、空调系统各设备群组的台数调节策略、空调水温调节策略、新风调节策略和常见的应诉处理策略等。

2）应建立环境质量巡检制度，由专门人员每日定时巡查建筑内各处的空调效果情况，尽可能避免来自空调室内人员关于空调效果不佳的投诉。

3）应由专门人员每日对主要用能部分的能耗计量表进行抄表记录，定期统计各项能耗。

4）应由专门人员每小时对中央空调系统的各主要运行参数进行抄表记录，表单格式可参考本手册附录1。

5）每年至少进行1次对中央空调系统各设备实际性能的测评，该部分工作需由专业技术人员完成。

6）应根据以上各项工作成果，适时修正《节能优化运行策略》。

对于中央空调自动控制系统：

1）若项目的中央空调系统未能实现全自动无人值守运行时，宜在未来的运营管理过程中择机改进。

2）应每半年对自动控制系统的所有传感器和执行器校验检查一次，如有问题及时整改。

3）应有专门技术人员负责对自控系统相关设定值的设定和调整。

5. 能源系统所有设备的更新淘汰不应以年限为依据，而应根据它们的实际性能的变化情况，随时论证其更新改造的经济可行性，择机更新。

4.2.3 使用方法

1. 对于项目环境性能品质提升相关内容，请查阅第4.3节 建筑环境性能优化运行提升策略。

2. 对于项目能源节省、项目施工交接及调适方面内容，请查阅第4.4节 建筑用能优化运行与提升策略。

3. 对于运行记录及测试相关常用表格、方法及仪器等，请参考附录。

4.2.4 基本术语

1. 采光系数

办公建筑的环境能源效率优化设计

A Design Guideline and Operation Handbook for Environment-Energy Efficiency Opimization on Government Owned Office Buildings

在室内参考平面上的一点，由直接或间接地接收来自假定和已知天空亮度分布的天空漫射光而产生的照度与同一时刻该天空半球在室外无遮挡水平面上产生的天空漫射光照度之比。

2. 不舒适眩光

在视野中由于光亮度的分布不适宜，或在空间或时间上存在着极端的亮度对比，以致引起不舒适的视觉条件。本标准中的不舒适眩光特指由窗引起的不舒适眩光。

3. 导光管采光系统

一种用来采集天然光，并经管道传输到室内，进行天然光照明的采光系统，通常由集光器、导光管和漫射器组成。

4. 混响时间

当室内声场达到稳定状态后，声源停止发声，平均声能密度自原始值衰变到其百万分之一所需要的时间，即声源停止发声后下降 60dB 所需要的时间，以秒（s）计。

5. 项目调适

顾名思义就是将项目调至适合，具体含义是指在项目投入使用的初期，对项目进行初调节，既验证设计意图是否实现，又要根据项目的实际使用负荷特性和能源系统的实际配置情况来对项目进行优化调节，以使项目的后续运行更安全、更舒适和更节能。

6. 传感器

传感器是指用于测量能源系统运行参数的各种测量仪器，如温度传感器用于测量温度，其他常见的传感器还有：温湿度传感器、压力传感器、流量传感器、电流传感器、电压传感器等。

7. 执行器

执行器是指控制系统用于执行控制策略的一些动作部件，如各种类型的电动水阀、电动风阀、变频器等。

8. 实际性能

设备的实际性能有别于它们的设计性能，是指它们在实际运行条件下所表现出来的性能，实际工况下的各个物理参数及它们之间的相互关系，比如水泵的实际流量与实际扬程之间的关系、实际流量与实际功率之间的关系、实际流量与实际效率之间的关系等。一般说来，设备的实际性能都与设计性能存在或多或少的差别，随着使用时间的增加，这种差别可能会越来越大。

9. 水力平衡调节

将水系统各部分的流量调至它们各自需要的流量，即水力平衡调节。需要注意的是水力平衡调节不将各部分流量调至相等，也不是调至它们的设计流量或按照设计比例分配，而是要按需调节，即理想的水力平衡调节应为动态调节，而非静态调节。

10. 空调末端

空调末端是指将空调系统的冷量或热量最终传送至空调房间内的装置，常见的空调末端装置有风机盘管、空调机组、新风机组、辐射管壁等。

11. 空调冷热源

空调冷热源是指为夏季供冷的制冷装置和冬季供热的产热装置。建筑内的空调冷源一般为各种类型的冷水机组，热源常见的有燃气锅炉、与市政热力换热的热交换站等。

12. 能源效率

空调系统或设备的能源效率是指它们每消耗一度电可制取或输送的冷量或热量。如冷水机组能源效率是指其制冷量与用电量的积，冷冻水系统能源效率是指冷冻水系统输送冷量与其水泵总功的积等。

13. 蓄冷系统

蓄冷系统是指利用阶梯电价，在电价谷时段充分制冷，并将制得冷量储蓄起来，等到电价尖峰时段再使用，从而达到节省电费的目的。储蓄冷量的方式常见的有冰蓄冷和水蓄冷两种形式。

14. 冷水机组

冷水机组是指制取冷量将冷量以冷冻水为载体输送出来的设备，它是空调系统的核心设备，也常被称为"空调主机"。常见的冷水机组有：水冷式电制冷冷水机组（包括离心式、螺杆式等）、风冷式电制冷冷水机组、吸收式冷水机组（包括直燃机式、蒸汽式等）。

15. 冷却水泵

对于水冷式冷水机组，需要配置冷却水系统，将热量从冷水机组搬至冷却塔，通过冷却塔最终排至室外，驱动冷却水循环的水泵即为冷却水泵。因为水冷式冷水机组是中央空调最常见的一种冷水机组，所以冷却水泵也是中央空调系统最常见的设备之一。

16. 冷却塔

办公建筑的环境能源效率优化设计

A Design Guideline and Operation Handbook for Environment-Energy Efficiency Opimization on Government Owned Office Buildings

水冷式冷水机组制得的冷量最终通过冷却塔以热量的形式排至室外大气。冷却塔是一种空气与水直接接触的高效换热设备，空气从下或侧面向上，水从上而下与空气换热，部分水蒸气从而使得出塔的水温降低。

17. 冷冻水泵

冷冻水泵是将冷水机组制得的冷冻水输送到各空调区域的动力设备。是中央空调系统必不可少的设备之一。

18. 冷水机组负载率

冷水机组负载率也称电流比，即它的实际运行电流与额定电流之比。

19. 冷水机组负荷率

冷水机组负荷率是指冷水机组的实际制冷量与额定制冷量之比。

20. 冷却塔同步变频

指各台冷却塔的风机频率相等，一起变大或一起减小。

21. 冷凝器端差

冷凝器是冷水机组的重要组成部分，冷凝器端差是指冷凝温度与冷却水出冷水机组的温度之差。

22. 蒸发器端差

蒸发器是冷水机组的重要组成部分，蒸发器端差是指冷冻水供水温度与蒸发温度之差。

23. 热泵机组

热泵机组是利用制冷原理来实现供暖的一种设备，它一般可夏季制冷、冬季制热。常见的热泵机组根据取热源不同可以分为：空气源热泵、水源热泵、地源热泵等。

24. 新风供冷

在过渡季或冬季，当建筑室内需要供冷时，可利用室外自然风作为冷源来向室内供冷，这种供冷方式即为新风供冷。

4.3 建筑环境性能优化运行提升策略

按照与建筑能耗的关联性，建筑环境性能参数可以分为两类：一类是与建筑能耗直接相关的环境性能参数，比如采暖温度、空调期室内温度、室内照度等；另一类是与建筑能耗不直接相关的环境性能参数，包括声环境质量、采光环境、空气质量等。

对建筑环境性能优化运行提升策略的表达采取如下体例：

【性能参数说明】性能参数指标的名称，或者环境问题的描述，以及对该性能指标进行提升和控制的目的和原因。

【性能要求】对建筑环境性能参数的标准要求，或者允许的范围。

【自检自查】如何测试，判定环境参数是否需要提升。

【提升策略】应该如何进行改善和提升。

【反馈设计】如果这些问题与设计有关，反馈优化设计。

4.3.1　室外环境性能要求及提升策略

4.3.1.1　建筑室外的热岛效应

【性能参数说明】热岛效应是指一个地区（主要指城市内）的气温高于周边郊区的现象，可以用两个代表性测点的气温差值（城市中某地温度与郊区气象测点温度的差值）即热岛强度表示。"热岛"现象在夏季出现，不仅会使人们高温中暑的几率增大，同时还会形成光化学烟雾污染，增加建筑的空调能耗，给人们的工作生活带来严重的负面影响。

【性能要求】室外日平均热岛强度不宜高于1.5℃。项目室外的空气温度不得高于室外百叶箱内同时刻气温的2.5℃。

【自检自查】在室外主要入口或硬质铺地是否有明显炙烤感。有条件可以记录室外的全天温度，测定热岛强度。

【提升策略1】通过室外绿化、屋顶绿化，墙面采用藤蔓植物垂直绿化以及种植枝繁叶茂的高大乔木对降低室外热岛效应具有明显的效果。

【提升策略2】采用浅色的地面铺装，减少室外地面对太阳辐射的吸收；

【提升策略3】在室外场地通行地方增加具有遮阳供冷的廊道等遮阳措施。

【提升策略4】避免临近热岛效应的区域开窗，降低热岛效应对室内环境的影响。

【反馈设计】建筑群的总体规划在设计阶段可以合理利用建筑布局、景观绿化、地面铺装、色彩选择等手段减少室外热岛效应。规划设计阶段，采用计算机模拟手段优化室外风环境，采用有利于自然通风和减轻热岛效应的平面、立面设计。在设计阶段还可以通过模拟软件可预测分析夏季典型日的热岛强度，指导规划设计方案的优化。采取相应措施改善室外热环境，降低热岛效应。例如：可选择高效美观的绿化形式，包括屋顶绿化、墙壁垂直绿化及水景设置等进行

办公建筑的环境能源效率优化设计

A Design Guideline and Operation Handbook for Environment-Energy Efficiency Opimization on Government Owned Office Buildings

优化设计；除建筑物、硬质路面和林木之外，其他地表尽量为草坪所覆盖；建筑物淡色化以增加热量的反射；控制使用空调设备，提高建筑物隔热材料的质量，以减少人工热量的排放；改善道路的保水性能，用透水性强的新型材料铺设路面，以储存雨水，降低路面温度；建筑物和室外道路的下垫层宜使用热容量较小的材料等措施。

具体可采用以下措施：种植高大乔木为停车场、人行道和广场等提供遮阳；建筑物表面宜为浅色，地面材料的反射率宜为 0.3 ~ 0.5，屋面材料的反射率宜为 0.3 ~ 0.6；采用立体绿化、复层绿化，合理进行植物配置，设置渗水地面，优化水景设计；室外活动场地、道路铺装材料的选择除应满足场地功能要求外，宜选择透水性铺装材料及透水铺装构造。

4.3.1.2　室外空调冷却塔运行环境是否满足卫生要求

【性能要求】应采取必要措施，确保室外冷却塔的运行环境不存在军团菌的滋生环境。

【性能参数说明】军团菌是一种可引起肺炎的嗜氧菌，广泛存在于各类环境中，在 pH 5.5 ~ 9.5 温暖潮湿环境，35 ~ 45℃繁殖加快，常由受污染的水产生飞沫来加快传播。而室外冷却塔如果不进行定期清洗和消毒，极易滋生军团菌。

【自检自查】是否存在室外冷却水飞溅严重，冷却塔水质较差等状况。

【提升策略1】冷却塔的清洗消毒，冷却水塔至少每三个月清洗消毒一次，清除生物膜，减少水中微生物可繁殖的环境，降低传染机会；开始使用前，或者停止使用超过 1 个月重新启用前应进行清洗。

【提升策略2】在冷却塔用水中采取加氯消毒保持水中氯浓度于 2 ~ 6ppm，减少军团菌的滋生环境。

【提升策略3】采取措施减少冷却水飞溅，冷却水飞溅可能存在以下原因：喷水管是否回转太快（调整喷水管角度）；散热材是否发生阻塞（清除阻塞）；挡水器是否正常工作（重新更换挡水器）；循环水量是否过大（调整循环水量）。

【反馈设计】冷却塔周围应该预留便于清洗的空间，最好留有便于后期清洗的预留水龙头等设施。

4.3.1.3　新风取风口是否存在污染和清洁

【性能参数说明】对于规定所有新鲜空气通风入口位置都要远离潜在污染

源（比如垃圾房的排气通道和封闭停车场排气口、燃气排放口、厨房、洗手间通风设备及各排水通风管等的排气口等），并与楼房的排风口保持 10m 以上的距离，避免气流短路。

【性能要求】空调新风的取风口应远离污染源，避免进气口与排气口短路。

【自检自查】查看取风口的卫生条件及位置，调研新风是否有异味等。

【提升策略】调整取风口，经常清洗新风过滤装置。

【反馈设计】复核进气口位置，并且便于清洁新风过滤装置。有条件的可采用 CFD 模拟的方式，分析潜在污染源对取风口的潜在影响。

4.3.1.4　室外的噪声污染

【性能参数说明】室外噪声源包括周边交通噪声、社会生活噪声、设备噪声等。

【性能要求】场地声环境设计应符合现行国家标准《声环境质量标准》GB 3096—2008 的规定。办公楼声环境功能区类别为 1 类，要求昼间环境噪声不大于 55dB，夜间不大于 45dB。昼间指 6:00 至 22:00 之间的时段，夜间指 22:00 至次日 6:00 之间的时段。

【自检自查】1. 调研使用者对声环境的满意度，识别邻近噪声来源；2. 使用声级计测试背景噪声是否达标，在室内测量时，门窗全开，距离窗户 1.5m 处，测点距离墙面或其他反射面大于 1.0m，距离地面高度 1.2m。

【提升策略】针对固定噪声源，应采用适当的隔声和降噪措施；室外布置的冷却塔等室外设备采取有效的隔振减振措施。

【反馈设计】在总平面布置上，宜将噪声较大的站房集中布置。站房周围宜布置对噪声较不敏感、朝向有利于隔声的建筑物、构筑物等。合理组织人流、车流和车辆停放，创造安全、安静、方便室外环境，根据使用特征合理平面布局。必要时，应对场地周边的噪声现状进行检测，并应对项目实施后的环境噪声进行预测，当存在超过标准的噪声源时，应采取下列措施：噪声敏感建筑物应远离噪声源；对交通干道的噪声，应采取设置声屏障或降噪路面等措施。

4.3.1.5　室外的光污染

【性能参数说明】光污染包含一些可能对人的视觉环境和身体健康产生不良影响的事物，包括生活中常见的书本纸张、墙面涂料的反光，甚至是路边彩色广告的"光芒"亦可算在此列。光污染包括反射光光污染，以及电光源光污染。

办公建筑的环境能源效率优化设计

A Design Guideline and Operation Handbook for Environment-Energy Efficiency Opimization on Government Owned Office Buildings

常见的光污染状况多为由镜面建筑反光所导致的行人和司机的眩晕感以及夜晚不合理灯光给人体造成的不适。光污染对人体健康、人类生活和工作环境造成不良影响的现象。过度的光污染会严重破坏生态环境，对交通安全、航空航天、科学研究造成消极影响；对人的生理、心理健康产生影响，有时也导致能源的浪费。大量采用玻璃幕墙，部分建筑幕墙上采用镜面玻璃或者镜面不锈钢，当直射日光和天空光照射其上时，会产生反射光和眩光，进而可能造成道路安全的隐患；而沿街两侧的高层建筑同时采用玻璃幕墙时，由于大面积玻璃出现多次镜面反射，从多方面射出，造成光的混乱和干扰，对居民住宅、行人和车辆行驶都有害，应加以避免。

【性能要求】玻璃幕墙所产生的有害光反射，是白天光污染的主要来源，应考虑所选用的玻璃产品、幕墙的设计、组装和安装、玻璃幕墙的设置位置等是否合适，并应符合《玻璃幕墙光学性能》GB/T 18091—2015 标准的规定。夜晚的光污染，主要指建筑物的夜景泛光照明、室外照明等对周围环境的污染，室外广告牌等，夜景照明设施应避免对行人和非机动车人造成眩光。应满足《城市夜景照明设计规范》JGJ/T 163—2008 要求。

【自检自查】周边建筑玻璃幕墙反射的眩光、发光标志牌是否对场地内产生光污染；室外照明不应对居住建筑外窗产生直射光线，场地和道路照明不得有直射光射入空中，地面反射光的眩光限值宜符合相关标准的规定；建筑的夜景照明是否对周边居住建筑产生了光污染。

景观障碍物等，应合理地进行场地和道路照明设计，建筑外表面的设计与选材应合理，并应有效避免光污染。

【反馈设计】1. 避免其建筑布局或体形对周围环境产生不利影响，特别需要避免对周围环境的光污染和对周围居住建筑的日照遮挡；2. 幕墙建筑设计对交通和临近建筑的光污染情况应进行评估和采取相应措施；3. 室外照明对天空和周边区域的影响应满足《城市夜景照明设计规范》JGJ/T 163—2008 要求。

4.3.1.6 室外水景观及积水

【性能参数说明】室外水景观及积水是滋生蚊虫、发霉、增加湿度的主要原因。特别是一些非上人天台、门厅或雨棚上部因排水口堵塞等原因易产生积水。

【性能要求】室外水景观采取措施避免蚊虫滋生、无积水、无卫生死角。

【自检自查】观察。

【提升策略】物业管理者应每周最少检查一次，以消除健康隐患。

【反馈设计】对于门厅或者非上人天台，应设置便于检查的入口。

4.3.2　室内热湿环境性能要求及提升策略

4.3.2.1　空调运行时间是否明显高于同地区同类建筑

【性能参数说明】建筑设计的不合理会显著增加建筑的空调运行时间。调研建筑空调全年的开启时间，判定是否由于建筑通风不畅导致运行时间明显高于同类地区建筑。

【性能要求】空调开启时间不应显著长于同地区的同类建筑。

【自检自查】是否由于通风不良，朝向不合理，围护结构热工性能差等原因造成空调开启时间较长。

【提升策略】加强通风和增加遮阳设施，部分个别区域可以增加室内动态风扰动装置。

【反馈设计】对于楼宇地点内楼群，适当的楼区划分有助于增强透风和楼宇内部分的自然通风。对于个别楼宇或楼群来说，通风廊、空中花园或简单的开口也有助于增强透风和通风效能，因而减少全年的空调使用期。采用计算机模拟的方法优化总平面布局，优化通风，并采用计算机模拟的方法分析建筑的空调期是否过程。

4.3.2.2　室内热舒适参数控制

【性能参数说明】热舒适度控制包括对空气温度、辐射温度和空气速度、空气湿度等基本参数的控制，可以促进健康、舒适和工作效率。对于备有空调设备，其主要参数包括空气温度和湿度，而这些参数是由空调设计控制。这个指标只适用于一般楼层的升降机大堂和使用区域。对于 PMV 计算的其他次要参数值，可以使用假定的设计值，对于底层房间亦应考虑平均辐射温度，因温度较高的顶棚可能导致室内不对称的辐射，从而影响热舒适。

【性能要求】根据测试结果分析，可以假定室内温度等于平均辐射温度。那么热舒适相关参数可以控制见表33。

【自检自查】室内温度、湿度测试，调查问卷热舒适。

【提升策略】建议采取空调＋风扇的综合利用方式，利用热舒适计算方程，可以知，电风扇风速为 0.8m/s 时，即使室内的气温达到 28℃，仍然在人体的热舒适范围之内。可以大幅减少空调时间，提高条件范围。

【反馈设计】设计时在空调房间安装电风扇，为空调＋风扇的综合利用创造条件。

办公建筑的环境能源效率优化设计

A Design Guideline and Operation Handbook for Environment-Energy Efficiency Opimization on Government Owned Office Buildings

参照建筑和设计建筑的设定参数 表 33

参数	标准值	备注
温度（℃）	24 ～ 28	夏季制冷
	18 ～ 22	冬季采暖
相对湿度（%）	40 ～ 65	夏季制冷
	30 ～ 60	冬季采暖
空气流速（m/s）	≤ 0.3	夏季制冷
	≤ 0.2	冬季采暖
PMV 指数	＋ 1.0 ～ － 1.0	—
换气次数（次 /h）	1.0	夏热冬暖地区、夏热冬冷地区
	0.5	寒冷和严寒地区

4.3.2.3　围护结构结露

【性能参数说明】室内结露发霉有两种情况：围护结构的冷凝结露，空调系统管道末端结露。墙体发霉房间的空气中会含有许多霉菌，轻的会造成人咳嗽、呼吸道感染，严重的会造成过敏性鼻炎甚至哮喘等疾病。建筑结露是由于墙体保温不好或者墙体存在热桥（冷桥），导致墙体内表面温度低于室内湿空气结露温度，从而导致表面结露，只要做好墙体、热桥部位的保温，就能解决墙体结露问题。

【性能要求】在室内设计温、湿度条件下，建筑围护结构内表面不得结露。采取合理的保温隔热措施，减少围护结构热桥部位的传热损失，防止外墙和外窗等外围护结构内表面温度低于室内空气露点温度，避免表面结露、发霉。

【自检自查】自查墙壁，顶棚以及房间角落是否存在发霉、水迹等现象。

【提升策略 1】窗口结露，检查窗边发泡是否饱满，如没有或不饱满重新恢复发泡，如正常将霉变处装饰面进行防霉处理。

【提升策略 2】对于寒冷和严寒地区由于热桥部位保温性能差造成的结露，应进行局部构造改善保温处理。

【提升策略 3】原因可能是水渗漏，查明渗漏部位，做好外部处理，待渗漏处建筑体干燥后，恢复室内装饰面。

【反馈设计】寒冷和严寒地区的热桥部位采取合理的节能构造措施。

4.3.2.4　空调出风口的结露

【性能参数说明】中央空调风口产生结露的原因主要有：中央空调风口区

域范围内的空气湿度较大；中央空调区域范围内由于新排风系统设置不合理，产生过大的负压，使无组织的室外空气进入室内，从而提升了空气的湿度及其凝结露点；中央空调本身采用大温差送风，而对机器本身的送风量与冷量不配备，导致冷量过大，风量过小；中央空调风口、送风口采用铝质材料，由于导热性能较好，使得风口材料表面温度过低而凝结露水等。

【性能要求】空调送风口不得结露，室内冷水管和消防喷淋的水管不得发生冷凝结露。

【自检自查】空调送风口是否发霉，吊顶是否存在水渍或霉斑。

【提升策略1】尽量减少开门次数，减少室外高湿度空气进入量，检查室内是否与外界不够密封。

【提升策略2】增大空调送风量，进而提高送风温度。

【提升策略3】采用 ABS 塑料风口代替结露的铝合金材质送风口；

【提升策略4】室内冷水管未采取保温措施或者出现破损，增强室内水管的保温。

【反馈设计】对于高湿度地区适当提高夏季空调季节送风温度；采用塑料风口代替铝合金材质的送风口。室内的冷水管应采取保温措施，减少室内管壁的冷凝。

4.3.2.5　空调出风口直吹人体

【性能参数说明】调研中发现办公室中对于出风口位置的布置存在较多不如意。由于强烈的吹风感，风口下人员感觉很冷，多处采用了封住出风口，或出风口下挂雨伞等方式。

【性能要求】冷风不能直接吹向人体，否则会影响身体健康。

【自检自查】出风口是否直接吹向人体，是否造成不舒适。

【提升策略1】把百叶出风口更换为散流器。

【提升策略2】在百叶出风口下挂一挡板，改变风向。

【提升策略3】风口下挂雨伞可以作为有效的权宜之计。

【反馈设计】采用带散流器的出风口代替百叶出风口；采用小温差大流量的设计方式，提高出风温度。

4.3.3　室内光环境性能要求及提升策略

4.3.3.1　室内自然光眩光控制

办公建筑的环境能源效率优化设计

A Design Guideline and Operation Handbook for Environment-Energy Efficiency Opimization on Government Owned Office Buildings

【性能参数说明】眩光是指视野中由于不适当的亮度分布，或在空间、时间上存在极端的亮度对比，以致引起视觉不舒适和降低物体可见度的视觉条件。眩光常常由户外强光在镜片和其他表面上产生反射所引起，是引起视觉疲劳的重要原因之一。受办公桌、绘图板或计算机屏幕所限，不适当的亮度（或眩光）可能会引起不适，或降低人们辨别细节的能力。绝大部分对眩光的投诉都与直接日照有关。视野内可见的天空亮度与室内物体亮度之间的强对比，亦可能引起眩光。

【性能要求】主要功能空间室内照度、照度均匀度、统一眩光值、光源显色性能等指标满足现行国家标准《建筑照明设计标准》GB 50034—2013 中的有关要求。

【自检自查】办公室眩光的控制；应对刺眼眩光和过量对比的区域进行现场测量，从而确定通过有效的遮蔽和玻璃选择达到视觉舒适度。

【提升策略1】办公室布局降低眩光影响，办公桌摆放避免显示器朝向窗户等。

【提升策略2】朝西的办公室采用室内漫反射的透明百叶帘减少眩光。

【提升策略3】办公室内顶棚表面反射比宜控制在 0.60 ～ 0.90 之间，墙面控制在 0.30 ～ 0.80 之间，桌面反射比控制在 0.20 ～ 0.60 之间。

【反馈设计】采光设计时，应采取下列减小窗的不舒适眩光的措施：作业区应减少或避免直射阳光；工作人员的视觉背景不宜为窗口；可采用室内外遮挡设施；窗结构的内表面或窗周围的内墙面，宜采用浅色饰面更好的空间布局和建筑细节，比如合理布置窗户朝向，选用局部采用压花或磨砂玻璃。尽量减少眩光和过量明暗对比所造成的眩光不适。计算窗的眩光指数，对窗户的设计进行优化。

4.3.3.2　自然采光均匀度

【性能参数说明】视野范围内照度分布不均匀可使人眼产生疲劳，视力降低，影响工作效率。因此，要求房间内照度有一定的采光均匀度。本标准以最低值与平均值之比来表示。研究结果表明，对于顶部采光，如在设计时保持天窗中线间距小于参考平面至天窗下沿高度的 1.5 倍时，则均匀度均能达到 0.7 的要求。此时，可不必进行均匀度的计算。照度越均匀对视野越有利，考虑到采光均匀度与一般照明的照度均匀度情况相同，而照明标准根据主观评价及理论计算结果照度均匀度定为 0.7，故本标准确定采光均匀度为 0.7。侧面采光由于照度变化太大，不可能做到均匀；当采用天窗时，为保证采光均匀度的要求，相邻两天窗中线间的距离不宜大于参考平面至天窗下沿高度的 1.5 倍。

【性能要求】采光均匀度无法做到均匀，但是照明与采光的配合可以让采光均匀度提高。

【自检自查】房间内光线是否均匀。

【提升策略】采用照明与采光配合方式提高均匀度，降低照明能耗。

【反馈设计】合理布置窗户，增加均匀度，必要时通过计算机模拟的方法进行辅助设计。照明设计与采光设计耦合分析，设置单独回路或者局部照明。

4.3.3.3 内走廊的光环境及智能控制

【性能参数说明】内走廊的光环境的照度要求较低，采光系数要求为 0.5%，照度要求为 50lx。

【性能要求】照度满足要求，实现智能控制。

【自检自查】内走廊照度是否达标，是否采用了光控、声控的智能控制措施。

【提升策略】增加光控声控的照明控制装置。

【反馈设计】采用内天井、内高窗、光导管等方式增加内走廊的采光，降低照明能耗；特别是顶层建筑，可以充分利用天窗或光导管改善采光。

4.3.3.4 人工照明分区控制

【性能参数说明】通过前期调研发现，无论自然采光是否充足，照明灯具一直开启，其中一个主要原因是未进行人工照明的分区控制。在昼间采光较好的区域进行设置单独的照明回路，控制照明开启。

【性能要求】针对采光系数大于 5% 的区域设置单独的照明回路控制开关。

【自检自查】是否设置了单独回路控制。

【提升策略 1】增设单独回路控制。

【提升策略 2】关闭集中控制的灯具，采用台灯、落地灯等方式进行局部补充照明，改善房间的照明均匀度，实现节能。

【反馈设计】电气设计根据采光系数的分布设置单独的控制开关。

4.3.3.5 照明灯具的更换与维护

【性能参数说明】照明灯具经过一段时间的使用以后会出现光衰，发光效率会随之衰减。

办公建筑的环境能源效率优化设计

A Design Guideline and Operation Handbook for Environment-Energy Efficiency Opimization on Government Owned Office Buildings

【性能要求】当灯具的光衰达到 20% 时，发光效率已经较低，无法满足照度需求，此时应进行灯具的更换，而不应该等到灯管不亮了再进行更换。

【自检自查】灯管颜色变深，端头发黑时，利用照度计测量灯具的光衰，及时更换灯具。

【提升策略】对照明灯具进行定期巡检和及时更换，保证照明质量。

4.3.4　室内声环境性能要求及提升策略

4.3.4.1　室内噪声控制

【性能参数说明】室内声环境包括厅堂音质设计与建筑物环境噪声控制两大部分，目的是创造符合人们听闻要求的声环境。室内噪声控制是靠吸声减噪，以达到一定的室内（外）环境的噪声标准。办公类和商场类空间室内背景噪声水平分别满足现行国家标准《民用建筑隔声设计规范》GB 50118—2010 中相对应的低限要求。

【性能要求】场地环境噪声符合《声环境质量标准》GB 3096—2008 规定的环境噪声限值：昼间不大于 55dB，夜间不大于 45dB。室内噪声源一般为通风空调设备、日用电器等；针对目前较普遍的大空间开放式办公室（也称开敞式办公室），由于在该空间除了考虑不被过高背景噪声干扰外，语言私密性也很重要，适当的背景噪声可起掩蔽作用，所以开放式办公室噪声并非越低越好，因此不做要求。

【反馈设计】通过适当的楼宇布局和设计（例如楼宇和平台的坐向等）来降低室外噪声对室内环境的影响亦应在此项内容中予以说明。

4.3.4.2　混响时间和语言清晰度

【性能参数说明】混响时间是声音达到稳态后停止声源，平均声能密度自原始值衰变到其百万分之一（60dB）所需要的时间。在一定使用条件下，听众认为音质合适的混响时间，是根据人们长期使用经验得出的，并且具有一定的容许范围，前者靠建筑吸声满足最佳混响时间的要求，一般认为语言的清晰度主要与混响时间有关，混响时间的控制主要靠吸声材料的布置来实现。特别是对于组合式办公室、会议室具有较高的要求。

【性能要求】在组合式办公室、会议室同类场所的 A 加权声压级的混响时间（RT）$\leqslant 0.6\,\mathrm{s}$。

【自检自查】使用期间会议室内语言清晰度。

【提升策略】合理布置吸声材料，特别是组合办公室和会议室。

【反馈设计】组合办公室和会议室要进行专门的声学设计。

4.3.4.3　设备隔振和隔声

【性能要求】建筑内部功能空间布局合理，减少相邻空间的噪声干扰以及外界噪声对室内的影响，并采取合理措施控制设备的噪声和振动。

【自检自查】设备的振动和噪声是否对使用空间形成干扰。

【提升策略】改善设备的隔振措施。

【反馈设计】设备系统设计、安装时就考虑其引起的噪声与振动控制手段和措施，使噪声敏感的房间远离噪声源往往是最有效和经济的方法。

采用低噪声型送风口与回风口，对风口位置、风井、风速等进行优化以避免送风口与回风口产生的噪声，或使用低噪声空调室内机、风机盘管、排气扇等；给有转动部件的室内暖通空调和给排水设备，如风机、水泵、冷水机组、风机盘管、空调机组等设置有效的隔振措施；采用消声器、消声弯头、消声软管，或优化管道位置等措施，消除通过风道传播的噪声；采用隔振吊架、隔振支撑、软接头、连接部位的隔振施工等措施，防止通过风道和水管传播的固体噪声。

对空调机房采取吸声与隔声措施，安装设备隔声罩，优化设备位置以降低空调机房内的噪声水平；采用遮蔽物、隔振支撑、调整位置等措施，防止冷却塔发出的噪声；为空调室外机设置隔振橡胶、隔振垫，或采用低噪声空调室外机；采用消声管道，或优化管道位置（包括采用同层排水设计），对 PVC 下水管进行隔声包覆等，防止厕所、浴室等的给排水噪声；合理控制上水管水压，使用隔振橡胶等弹性方式固定，采用防水锤设施等，防止给排水系统出现水锤噪声等。

4.3.5　室内空气质量性能要求及提升策略

4.3.5.1　集中空调新风系统是否开启

【性能参数说明】集中空调具有新风系统，在实际运行中，新风系统应该开启。但是由于为了节能，使用者有开窗习惯等各种原因，实际运行过程中常将新风系统关闭。

【性能要求】集中空调系统新风系统在运行过程中应开启，特别是冬季，习惯关闭门窗，如果新风不开启，易造成二氧化碳浓度超标。

办公建筑的环境能源效率优化设计

A Design Guideline and Operation Handbook for Environment-Energy Efficiency Opimization on Government Owned Office Buildings

【自检自查】新风机是否开启，或者在关窗条件下测试二氧化碳浓度是否超标，判定新风系统是否开启。

【提升策略】设置二氧化碳浓度测试报警系统，确定室内二氧化碳浓度不超标。

4.3.5.2 采用单体机空调房间

【性能参数说明】单体空调分为室内机和室外机。室外机通过热泵排除热量，把冷媒输送进室内，通过室内循环把空气变冷。所以单体空调是没有单独新风系统的。

【性能要求】采用单体空调的房间，由于没有新风系统，如果紧闭门窗，换气量不足，会造成室内的二氧化碳浓度超标（1000ppm）。

【自检自查】对于采用单体空调无换气装置的空间是否紧闭门窗。

【提升策略1】增加换气装置。

【提升策略2】适当开启门窗，引入一定的新风量。

【反馈设计】单体空调的房间宜设置可控的换气装置，以在室内新风量和建筑节能之间取得平衡。

4.3.5.3 停车场和半封闭的空间室内足够通风

【性能参数说明】文献显示，我国 50% 的地下车库通风量不够，一氧化碳、氮氧化物和 TVOC 等均超标。评估停车场通风系统是否设计合理并能为楼宇用户提供良好的室内空气环境。

【性能要求】地下车库参考《室内空气质量标准》GB/T 18883—2002，要求室内空气无毒、无害、无异常嗅味。要求一氧化碳浓度不大于 $10mg/m^3$、二氧化碳浓度不大于 $0.1mg/m^3$、二氧化氮浓度不大于 $0.24mg/m^3$ 和 TVOC 浓度不大于 $0.60mg/m^3$ 等。

【自检自查】地下车库一氧化碳浓度测试，以及是否有异味和感觉憋闷。

【提升策略】加强地下室通风，设置一氧化碳浓度测试和报警系统。

4.3.5.4 复印机房是否强化通风

【性能参数说明】复印室内因静电作用使其具有一定的臭氧，臭氧具有很强的氧化作用。1988 年 11 月，日本国立公共健康研究所公布的调查结果表明，在经常使用复印机的地方，臭氧浓度足以危害人体。通过对一些使用复印机的办公室和公共图书馆的监测发现，在距复印机 0.5m 的地方，臭氧浓度达

0.12mg/L。这些臭氧是复印机中带高电压的部件与空气进行化学反应产生出来的。臭氧具有很高的氧化作用，可将氮气氧化成氮氧化物，对人的呼吸道有较强的刺激性。臭氧的相对密度大、流动慢，加之复印室内因防尘而通风不良，容易导致复印机操作人员发生"复印机综合征"。主要症状是口腔咽喉干燥、胸闷、咳嗽、头昏、头痛、视力减退等，严重者可发生中毒性水肿，同时也可引起神经系统方面的症状。此外，某些复印机操作人员的皮肤过敏症状也可能与接触复印纸被污染有关，因为复印纸中含有一些特殊的添加成分，并在复印过程中会产生纸屑尘。

【性能要求】复印室安装排气扇或排气管道，使室内的臭氧和氮氧化物及时排出室外。在复印机多、工作量大的房间里应安装除尘设备，以减少粉尘。

【自检自查】复印室是否安装通风装置。

【提升策略】复印室安装排气扇或单独排气管道。

【反馈设计】复印室应进行单独设计，安装排风扇或排气管道。

4.4 建筑用能优化运行与提升策略

公共机构办公建筑除北方地区的采暖能耗外，其主要能耗包括照明、室内办公设备、空调、动力耗电等。

而其中，空调系统能耗往往是公共建筑除采暖之外能耗中最大的一部分，

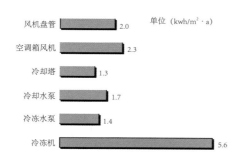

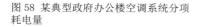

图 58 某典型政府办公楼空调系统分项耗电量

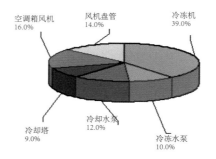

图 59 某典型政府办公楼空调系统分项耗电比重

而且空调系统的能耗构成也比较复杂，从图 58、图 59 中某典型政府办公楼空调系统分项耗电量及比重可以看出，空调系统电耗包括冷机电耗、冷冻水泵电耗、空调风机（空调箱循环风机、新风机组风机、风机盘管循环风机等）电耗、冷

办公建筑的环境能源效率优化设计

A Design Guideline and Operation Handbook for Environment-Energy Efficiency Opimization on Government Owned Office Buildings

却水泵和冷却塔风机电耗，其中冷机电耗一般占到 40% ～ 50% 。

本节主要从建筑用能系统的优化运行着眼，首先关注项目的交接与调适，在此基础上再按照用能提升最有效点"暖通空调"系统着手，谈及其诸多的策略手段，其次再从办公设备、照明等角度关注其他用能系统的节能运行。

4.4.1 项目交接与调适

我国工程建设体制是由设计院设计、建设单位订货、施工安装等多方构成，在空调设备、电气、控制专业结合的分界面上经常出现脱节、管理混乱、联合调试相互扯皮，调试困难的现象。随着建筑各子系统日益复杂，子系统之间关联性越来越强，建筑机电系统的复杂性和绿色建筑系统精细化调试的要求，传统的调试体系已不能满足建筑动态负荷变化和实际使用功能的要求。

因此，为了确保系统能够达到设计和用户的使用要求为主的调适过程，必须建立新的具有针对性的项目交接与调适体系，使得系统满足各种实际运行工况。

1. 项目交接时的关键工作有以下各部分：

1）检查建设方或施工方所移交的资料是否齐全，并妥善保管。项目交接时所需接收的资料需至少包括附录 2 规定的内容。

2）考察设计方关于提升环境能源效率相关的各技术环节是否在施工过程中得到落实，若存在问题应及时协调施工方尽快整改。该工作过程需要填写附录 3 表格。

3）检查可能影响节能运行调节的各关键部位是否施工得当，若有问题应及时联系施工方尽快整改。该工作过程需填写附录 5 表格。

【典型案例 1】

某建筑冬季供暖的水泵总流量约为 200m³/h，但供至建筑室内的水量仅为 68m³/h，水泵流量中的 132m³/h 都经过旁通管回流至水泵入口，即为无效水流量。该旁通管上设置有止回阀，正常情况下水是不会回流的，但是实测表明该项目的该处止回阀已经损坏，无法止回。由于此问题，约造成水泵能耗有 74% 均为浪费，即若该止回阀没有问题，则该项目每年可节省用电量约 13.2 万度（图 60）。

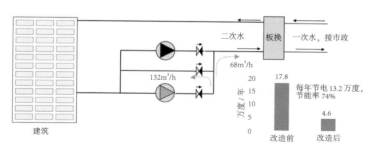

图 60 案例图——止回阀质量问题造成的能源损失

图 61 案例图——室外保温风道挂冰现象

工程实际中，经常会存在一些看似很小的问题，但它却可能对能耗的影响巨大。这正是在项目交接时应对项目的某些关键环节进行查验的原因。

【典型案例 2】

某项目的送风管道经过屋顶布置，从冬季的考察结果来看，风道下挂冰严重。之所以产生这种现象，是因为风道保温不好，室外冷空气进入保温层内部使得风道管壁冰凉，于是风道内的热空气偏在壁面处不断结露流出，并最终在管壁外形成挂冰现象（图 61）。当产生这种现象时，就会造成冬季大量的热损失，空调效果也无法得到保障。

对于输送冷或热的流体管道，应进行保温。如果保温质量不好，施工完成之后保护不善，就可能会给日后的运行带来非常不利的影响，因此在项目交接时应对各处保温状况进行仔细检查。

2. 项目的调适过程约需要 1 年，该阶段的具体工作包括以下各部分：

1）调适过程首先解决环境质量问题。在调适之初，为便于项目尽快投入正

办公建筑的环境能源效率优化设计

A Design Guideline and Operation Handbook for Environment-Energy Efficiency Opimization on Government Owned Office Buildings

常使用，可适当增加空调系统的总体供给量作为权宜之计。但在后续的调适过程中应将建筑各部分的环境质量调至平衡，避免某些区域的过冷或过热现象造成不必要的能源浪费。

2）其次是核算能源系统是否满足设计的功能要求。即通过该部分工作，既要查验实施质量情况，也要对设计合理性做出评价，并反馈相关各方。该部分工作的基础部分是测量出各设备的实际性能以及各附件的质量情况，若发现产品质量问题，应及时联系施工方整改。该部分工作的核心部分是系统调试，即系统调至设计假设的各个工况，查看系统的总体性能是否满足设计意图。该部分工作的关键环节是系统各部分的平衡调节，如水力平衡调节、风系统平衡调节等。

3）最后也最重要的是根据项目的实际使用负荷情况，以及各设备和能源系统总体的实际性能状况制定《节能运行调节策略》，并据此进行调节和试运行。

【条文说明】

项目的调适过程简单地说就是要检查设计和施工过程中遗留下的问题，然后尽可能地在项目运行之初去解决，如果实在解决不了，则应将不能解决的这部分问题作为项目特性的一部分，重新制定（有别于设计）适合于本项目的运行调节方法。

项目的调适过程非常重要，却被绝大部分项目所忽略。如果调适工作不到位，就会使大量的设计和施工问题遗留到运行过程中去，长久地影响项目的能耗水平。事实上，绝大多数运行过程中的能耗问题都或多或少地与设计和施工遗留问题有关。

【典型案例1】

某项目在刚投入运行的几个月中，如图62中标志的售楼处总是供暖效果不好，而采暖循环泵已经开至最大。检查原因，原来是水管接管错误，图中售楼处入口的

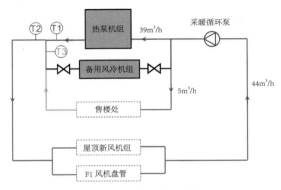

图 62 案例图——施工接管错误

水管应接在水泵入口处，却在施工过程中被工人不小心接到水泵的出口。

类似的施工错误，常常会严重影响空调系统的使用功能，有时虽然空调效果能够满足，却是以消耗更大的能耗为代价，如本例中虽然售楼处供暖效果勉强能满足，但却是以更多的采暖循环泵电耗为代价。

【典型案例2】

在项目调适阶段，应有意识地考察水系统是否有脏堵或异物（图63），这

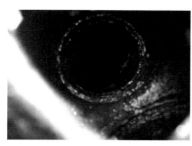

图63 案例图——水管内异物照片

是非常普遍的施工遗留问题，它们很难在项目交接时被发现，如果不在调适阶段发现它们，它们就会遗留到运行阶段去，将长久地影响能源系统的能源效率。

3. 当空调室内的局部区域空调效果不达标（夏季温度偏高或湿度偏大、冬季温度偏低或湿度偏小等）时，应首先检查空调末端是否存在问题。在排除空调末端问题之后，再考虑增加空调系统的总体供给量来使该局部区域的空调效果。

【条文说明】

该条主要针对传统运行管理中的一种普遍错误而设置，即：当建筑室内某处投诉抱怨室内温度过高（夏季）时，运行管理人员便加开冷冻水泵运行台数或冷水机组台数来解决。实际上，当某局部区域发生空调效果不满足要求时，往往是因为该局部区域的空调末端出现问题，而非空调系统的总体供给不足。常见的空调末端问题有：

1）风机盘管过滤器堵塞。当空调水系统里的水较脏时（特别是项目刚投入运行的2年内），风机盘管供水管上的过滤器便容易发生堵塞现象，此时风机盘管的供水量将会受到严重影响，但一般不会完全堵死，当提升水压时仍然有可能提供足够的供水量。也就是说，当发生风机盘管过滤器堵塞现象时，通过增加水泵运行台

数的方法有时是可以改善空调效果的，但这样做的代价就是一方面增加水泵能耗，另一方面会使得其他原本满足空调要求的区域变成供大于求，造成浪费。

【典型案例1】

某项目空调室内人员投诉空调效果不佳，经检查，原来是因为其供水管道上的过滤器发生脏堵，使得其通水量严重不足，从而使得空调效果不佳（图64）。在这种情况下，虽然可以通过增加供水压力的方法来改善问题，但这样做就会造成建筑物内其他地方的能耗增加。

图 64 案例图——某项目风机盘管过滤器脏堵照片

2）送风口采用软管连接时，连接管道发生坍塌变形现象。当发生此种现象时，会造成风量不足，为了满足空调效果就必须增加空调供水量，即此时可以通过增开水泵的方式来满足要求，但与1）一样会造成其他方面的浪费。

【典型案例2】

风机盘管送风道坍塌使得送风量变小，是造成其空调效果不达标的常见原因，如果不局部解决，则会对空调系统的总体能耗产生较大影响（图65）。

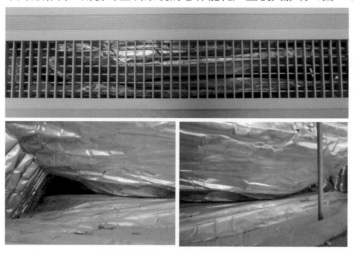

图 65 案例图——某项目风机盘管送风道坍塌照片

3) 风机盘管开关器模式设置错误。开关器一般有"制热"和"制冷"两种模式，由于室内人员的操作不当，时常发生在夏季将开关模式置于"制热"模式，或冬季将开关模式置于"制冷"模式。当发生这种情况时，风机盘管电磁阀处于常闭状态，无论空调开多大也不会满足使用要求。此时如果一味地增开水泵或冷水机组，不但不能解决问题，还会造成空调系统总体能耗的急剧上升。

4) 传感器测量错误。如测量室内温度的传感器不准，测得值总是高于室内的实际温度，则空调系统的供给量就会加大；如测量室内 CO_2 浓度的传感器测得值总是偏高，则室内的新风供给量就需不断加大；湿度测得不准则可能会使得供水温度下降造成制冷效率下降等等。总之，空调末端的各个传感器如果测量值不准，将会给空调系统的能耗产生重大影响。

5) 水阀、风阀等末端执行器不能正常动作。当某设备的水阀不能正常打开时，就会造成该设备的通水量不足，该设备所负担区域的空调效果就无法得到满足，此时为了使它满足要求，就需要增加水系统总体的供水量，造成系统总体的能耗浪费；当空调机组风阀动作不正常时，就可能使得夏季新风量过大，造成过多的新风冷损失；当系统中某些本应关闭的水阀无法关严时亦可能带来系统总体水量的增加等一系列问题，造成能源浪费。

4. 在空调系统的运行过程中，应保持建筑物内最不利区域的空调效果正好达标（低于设计值 5% 范围内）。

【条文说明】采用中央空调的建筑室内各区域的温度水平一般并不一致，总存在某些地方温度偏高、某些地方温度偏低的状况，即室内空调效果的不均衡性总是会普遍存在。将建筑物内的那些空调效果最不容易满足的区域称作最不利区域，一般情况下，当最不利区域的空调效果达到要求时，则建筑物的其他地方都达到要求。

最不利区域的确定宜在项目调适阶段确定，在项目的正常运行阶段，若发生最不利区域空调效果满足要求，而其他地方不满足要求情况，则依照本手册第 5.2 节第 1 条执行。

5. 当室内某区域的 CO_2 浓度超过 900ppm 时，先增加该区域新风供给量，直至 CO_2 浓度低于 900ppm。但当室外空气温度高于室内温度时，室内 CO_2 浓度不

办公建筑的环境能源效率优化设计

A Design Guideline and Operation Handbook for Environment-Energy Efficiency Opimization on Government Owned Office Buildings

应低于 450ppm，否则应减少新风量供给量。

【条文说明】此条目的在于防止新风量过大，造成新风带入室内的空调负荷过大。实际运行时应依据本条不断调整新风系统的运行作息时间。诸如新风机组全天或整个上班时间都开启、空调机组新风阀不调等做法都是不当的，都会造成能源浪费。

4.4.2 采暖空调系统
4.4.2.1 围护结构与无组织渗风

1. 监测建筑围护结构保温情况，避免冬季采暖负荷过高。必要时对老旧办公楼进行围护结构节能改造。

【条文说明】建筑采暖需热量就是为了满足冬季室内温度舒适性要求所需要向室内提供的热量。单位建筑面积的采暖需热量 Q 可近似地由下式描述：

$$Q = （体形系数 \times 围护结构平均传热系数 + 单位体积空气热容 \times 换气次数）\times 室内外温差 \times 层高$$

体形系数就是建筑物外表面面积与其体积之比。建筑物的体量越大，体形系数越小；建筑物的进深越大，体形系数越小。体形系数基本由设计决定，在后期运行阶段无法改变。

围护结构平均传热系数由外墙保温状况、外窗结构与材料以及窗墙面积比决定。表 34 给出了四种典型建筑的围护结构平均传热系数的范围。我国 20 世纪 50 年代、60 年代北方地区的砖混结构的传热系数为 11.5 W/m²·K；东北民居采用双层木窗，传热系数也在 2.5～3.5 W/m²·K。"文革"期间和 20 世纪 80 年代部分建筑采用 100mm 混凝土板和单层钢窗，围护结构平均传热系数可超过 2W/m²·K。20 世纪 90 年代开始，全社会开始注重建筑节能。尤其是近年来，北方地区城市新建建筑符合建筑节能标准的比例不断升高，这就使得新建建筑的围护结构平均传热系数大幅度降低，很多新建建筑在 0.6～1 W/m²·K 之间。

2. 避免无组织渗风带来的空调采暖负荷增加。

【条文说明】换气次数指室内外的通风换气量，以每小时有效换气量与房间体积之比定义。我国 20 世纪 90 年代以前的建筑由于外窗质量不高、房间密闭性不好、门窗关闭后仍撒气漏风，换气次数可达 1～1.5 次/时。近年来新

四种典型建筑的围护结构平均传热系数　　　　　　　表 34

围护结构类型	平均传热系数 W/m² · K
中国 20 世纪 50、60 年代砖混结构	1～1.5
中国 20 世纪 60 年代～ 20 世纪 80 年代建筑（100mm 混凝土板和单层钢窗）	2 以上
中国 20 世纪 90 年代以来的建筑	0.6～1
欧美发达国家建筑	1

建建筑采用新型门窗，密闭性得到显著改善，门窗关闭时的换气次数可在 0.5 次／时以下。实际上为了满足室内空气品质，必须保证一定的室内外通风换气量。

但是需要避免部分区域由于热压存在以及不适当的开口，导致的无组织透风，一方面导致室内环境品质低下，另一方面带来采暖能耗的升高。重点需要关注门厅、大堂等区域。

3. 供暖做好末端调节，避免供暖同时开窗。

【条文说明】随着采暖系统的改进和对人民生活保障重视程度的提高，目前供暖系统实际出现的大多数情况是由于系统没有有效的调控手段，以及采暖系统运行调节与管理的问题，使得为了保证部分末端偏冷的建筑或某些角落偏冷的房间的温度不低于 18℃，而加大供热量。结果造成实际供热量大于采暖需热量，部分室温高于 18℃，有时有的室温可高达 25℃以上。为了调节室温避免过热，使用者最可行的办法就是开窗降温，这就大幅度加大了室内外空气交换量，从而进一步加大了向外界的散热，增加了采暖能耗。这种过量供热的现象来源于如下几种情况：

1）部分保温良好的建筑没有按照实际的采暖需热量设计采暖散热器容量，安装的散热器面积过大。与其他建筑连接在同一个集中供热管网中运行，对于其他建筑恰好满足正常室温的供热参数就导致这些散热器容量过大的建筑过量供热，造成室温过高。

2）集中供热管网的流量调节不均匀，导致部分建筑热水循环量过大，室温高于其他建筑。而为了保证流量偏小、室温偏低的建筑或房间的室温不低于 18℃，就要提高供热参数，造成流量高的建筑或房间室温偏高。

3）建筑物朝向不同，不同时间、不同朝向房间的需热量不同，当流量分配不变时，为了使温度偏低的房间温度不低于 18℃，必然造成对温度偏高的房间

办公建筑的环境能源效率优化设计

A Design Guideline and Operation Handbook for Environment-Energy Efficiency Opimization on Government Owned Office Buildings

过量供热从而导致过热。

4）需要就供暖做好末端调节，避免同一建筑内室温由于不均匀导致热房间开窗、冷房间更冷的恶性循环。物业巡查时发现开窗采暖房间要根据室内温度情况，进行进一步的措施处理。

4.4.2.2 冷热源

1. 当冷热源采用复合系统时，应实时比较各个能源系统的能源效率，优先选择效率较高的冷源系统（热源系统）。

【条文说明】冷热源复合系统是指建筑物在夏季有多种冷源方式可选择，或冬季有多种热源方式可供选择。一些常见的调节手段如下：

1）夏季当系统有风冷方式和水冷方式两种形式可供选择时，应优先选择水冷方式，当水冷方式处理能力不足时才考虑风冷方式投入运行。

2）当空调冷源设置水源或地源热泵系统与传统的水冷式空调系统组成的复合系统时，当水源热泵或地源热泵的冷却水温度高于室外湿球温度时，应切换至传统水冷式空调系统。

3）当空调热源设置各种形式的热泵与传统锅炉等方式组成的复合系统时，应充分考虑传统热源的燃料价格再确定合理的各系统切换时机，一般情况下，各种形式的热泵系统，若其制热效率小于3，则不宜采用。

【典型案例】

某项目夏季可由空气源热泵供冷，也可由直燃机供冷；冬季可由空气源热泵供热，也可由直燃机供热。在不同时期，各种冷热源方式的运行成本是不一样的，经过1年的实际测量和充分论证，最终制定出如图66所示的运行策略图，据此运行每年可节省运行成本约100万元。

2. 当采用蓄冷系统时，蓄冷量应尽可能应用于电价尖峰时段。

【条文说明】常见的蓄冷系统有两种，一种是冰蓄冷，另一种是水蓄冷。无论是哪个蓄冷方式，都应该在电价谷段蓄冷，蓄得冷量优先用于电价尖峰时段，即尽量减少电价尖峰时段开启冷水机组的可能性。

3. 冷水机组的台数应尽量少开，只有当冷冻水的供水温度持续高于其设定

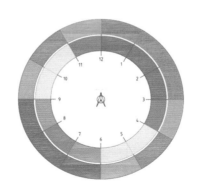

图 66 案例图——某项目复合冷热源系统运行策略图

说明：图中数字 1～12 表示 1 月至 12 月，内环表示直燃机运行策略，外环表示空气源热泵运行策略。不同的颜色表示不同的开机台数。

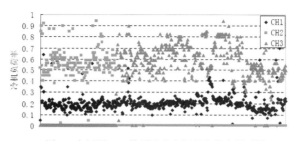

图 67 案例图——某项目冷水机组负荷率测试图

值时才增开冷水机组。当发生长期只需要开一台冷水机组，且其运行负荷率长期低下时，应考虑更换或增设小冷水机组。

【条文说明】冷水机组的运行负荷率对其效率影响重大，一般来说，负荷率越高，冷水机组的效率越高，所以在实际运行时，当一台冷水机组足够时绝对不开第二台冷水机组，当只开一台负荷率也长期低下时，就应考虑更换或增设小容量冷水机组。

【典型案例】
　　某项目冷水机组的负荷率如图 67 所示，可以看到 3 号冷水机组的负荷率全年都在 20% 左右，非常低下。后采取节能措施，将 3 号冷水机组更换为一台小冷水机组，额定制冷量仅为原来的一半。改造前后对比效果如图 68 所示，可以看到在同样制冷量情况下，改造后的冷水机组电耗大幅度下降，节能率在 50% 以上。

办公建筑的环境能源效率优化设计

A Design Guideline and Operation Handbook for Environment-Energy Efficiency Opimization on Government Owned Office Buildings

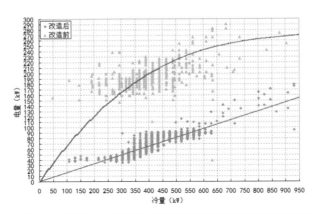

图 68 案例图——某项目冷水机组更换前后的能耗对比测试图

4. 冷水机组运行时的负载率不得低于50%，否则应减开冷水机组的运行台数，或实现间歇运行。

【条文说明】本条给出了冷水机组台数减少时的实用调节策略，原则就是尽量使冷水机组处于高负荷阶段运行。当实现间歇运行时，冷却水泵和冷却塔应相应关闭，冷冻水泵可持续运行，直至冷冻水温高于20℃。

5. 当有富余冷水机组时，应优先选择实际性能较好的冷水机组投入使用。

【条文说明】对于一个项目多台冷水机组，一般只需要开启其中的部分机组即可满足负荷要求，此时应该优先选择那些实际性能较好的冷水机组投入使用。所以，在项目运行过程中，应该不断收集机组的实际性能数据，以判断各台机组的性能优劣状况。对于性能较好的机组，总是优先投入使用，而对于性能较差的机组，则应择机查找原因并改善。

【典型案例】

某项目冷水机组的实测情况如图69所示，可以看到3号冷水机组（制冷机）的效率（COP）明显高于其他两台制冷机，而该项目一般都只需要开启1台冷水机组即可满足要求。那么在项目运行时，就应该优先使用3号冷水机组。

6. 应在整个供冷季和供暖季对供水温度进行主动调节。

【条文说明】在供冷季，冷冻水温度对冷水机组制冷效率的影响至关重要，水温越高，蒸发温度便越高，制冷效率相应也高。但是水温越高，水系统需要的冷冻

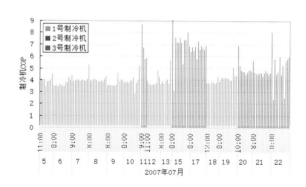

图 69　案例图——某项目冷水机组效率实测图

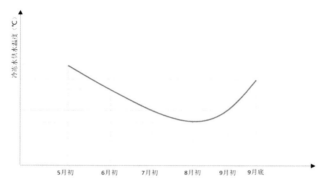

图 70　冷冻水供水温度策略示意

水量也相应提高，冷冻水泵的能耗也会相应增加。因此，当能源系统未配置实时诊断系统时，运行人员应根据运行数据不断总结，主动地对冷冻水供水温度进行调节。一般来说，合理的冷冻水供水温度如图70所示，也可借鉴此图来制定冷冻水设定策略。

在供暖季，虽然供水温度对热源的效率影响不大，但却对水系统的能耗影响巨大，因此也应对其进行主动调节。具体的调节原则是：当空调末端采用变流量调节且调节性能良好时，供水温度宜高不宜低；当空调末端流量不控，或控得不好时，则供水温度宜低不宜高。

7. 当冷却塔风机采用变频调节时，则各台冷却塔均应开启，同步变频。只有当频率调至最低值时仍无法满足冷却水温度最低限制值要求时，再通过减少风机台数的方式来调节。

【条文说明】本条目的是充分利用冷却塔的换热面积，以最小的换热成本获得

办公建筑的环境能源效率优化设计

A Design Guideline and Operation Handbook for Environment-Energy Efficiency Opimization on Government Owned Office Buildings

最佳的换热效果。冷却塔风机频率的最低限制值可设定为 15Hz，对于个别项目，若运行过程中若发现电机烧毁现象，可适当上调该最低限制值。

对于冷却水温度的最低控制值可采用以下规定：在项目运行初期，当冷水机组为电制冷方式时，冷却水温度最低值设定为 19℃；当冷水机组为吸收式时，冷却水温度最低值设定为 22℃。在项目正常运行阶段，若发现冷却塔风机能耗过度消耗而冷水机组能效提升不明显情况，可适当上调最低值，但调整幅度宜小不宜大。

8. 当经常性地发生冷凝器端差大于 6℃ 时，应择机检查冲洗冷凝器，以增强冷凝器的换热效果。

【条文说明】冷凝器的端差越大，冷凝温度就越高，冷水机组的制冷效率就越低。如果冷凝器端差经常大于 6℃，说明冷凝器换热效果不佳，可能存在冷凝器脏堵现象，应联系专业维保人员，择机清洗。

9. 当多台冷水机组并联时，不运行的机组不宜旁通冷冻水或冷却水。

【条文说明】当多台冷水机组并联时，不运行的机组水阀不关，使得在其他机组运行时，它们仍然也旁通水。这是实际工程里特别常见的问题。

冷冻水旁通会使得冷冻水的实际供水温度升高，从而使得冷水机组的供水温度下调，制冷效率下降。此外，过多的冷冻水还会使得冷冻水泵的能耗升高。

冷却水旁通会使得冷却水泵的能耗增加，同时还会加大冷却塔的负担，使得冷却塔换热能力下降。

【典型案例】

某项目冷冻水系统示意如图 71 所示，共 11 台冷水机组，最多时只需要开启 4 台冷水机组，而其他冷水机组由于进出水管上没有设置阀门，不开的冷水机组仍然旁通水流量，每年约造成 47.5 万度电的浪费。

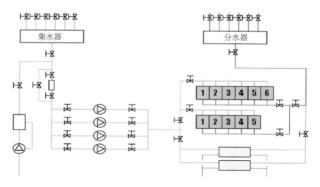

图 71 案例图——某项目冷冻水系统示意

10. 当项目采用空气源热泵机组作为冷源或热源时，应每月冲洗空气换热器一次，以防止换热器翅片脏堵，影响制冷效率。

【条文说明】长期位于室外的空气源热泵机组的空气换热器会不断积尘脏堵，换热性能不断恶化，相应地机组的制冷或制热效率会不断下降。因此应定期对空气换热器的换热翅片进行清扫和冲洗，以保持清洁。

11. 应每月冲洗冷却塔填料一次。当冷却塔换热效果急剧恶化且填料经过清洗仍无法改善时，应立项更换填料或整体更换。

【条文说明】冷却塔填料结垢会使得其换热效率下降，从而使得冷却水温度上升，制冷效率下降。因此应定期对冷却塔的填料实施冲洗作业。

4.4.2.3　输配系统

1. 当空调水系统采用变频调节方式时，应注意修正压差控制值，修正的依据是满足最不利区域的空调效果。

【条文说明】当空调水系统采用变频调节时，一般采用压差控制法。在实际运行过程中，应在确保水系统最不利环路资用压力的前提下尽可能地减少设定压差，从而减少循环水泵的能耗。

2. 当空调水系统的实际控制结果远离等温现象时，应检查空调末端或控制

办公建筑的环境能源效率优化设计

A Design Guideline and Operation Handbook for Environment-Energy Efficiency Opimization on Government Owned Office Buildings

系统是否存在问题。

【条文说明】以空调冷冻水系统为例，常见的设计供回水温差为 5℃，如果所有空调末端均处于理想的变流量调节下，则在部分负荷时冷冻水的供回水温差应高于 5℃。实际情况是各末端不可能都处于理想状态，实际水系统的供回水温差总是小于设计值，如果某项目的冷冻水供回水温差总是接近 5℃，总体性能趋于等温现象，则说明该冷冻水系统的实际控制结果较理想，反之则不理想。不理想即意味冷冻水流量偏大，冷冻水泵不节能。

3. 当空调水系统的各主要供水支路的回水温度总是相差较大时，应手动调节各支路管道阀门，以使各支路的回水温度趋于一致。

【条文说明】尽管空调水系统在使用之初经历水力平衡调节，在运行过程中还可能会因为负荷变化等因素引起各部分之间的不平衡。在实际运行过程中，无法针对各细分支路进行平衡调节，但对于主要的几支供水支路应总是坚持检查其是否平衡，当发生不平衡时应进行相应调节。

表征水系统各主要支路不平衡的最直观因素是各支路的回水温度，当各支路回水温度相差较大时，说明它们之间存在较严重的不平衡现象，调节方法是通过调节各支路上的手动阀门，使各支路回水温度趋于一致。

【典型案例】
某项目冷冻水系统连接 8 台新风机组，每台新风机组的型号相同，服务区域相等，因此各台新风机组的水流量理应相当，但实测结果表明各台新风机组的水流量相差巨大。经调节，该项目冷冻水系统每年可节省用电量约 4.5 万度，节能率高达 44.8%（图 72）。

4. 每月检查一次水系统的压力分布情况，查找不合理的阻力环节。
【条文说明】该条主要针对项目调适阶段的冷冻水系统和项目正常运行阶段中的冷却水系统。在项目调适阶段，冷冻水可能较脏，杂物易在管路拐角、过滤器等处堆积，造成局部阻力变大，若不及时解决，势必会长期影响冷冻水泵的能耗；在项目正常运行阶段，室外落叶等杂物可能会进入冷却水系统，在过滤器等局部发生堵塞，若不及时解决，将会长期影响冷却水泵的能耗。

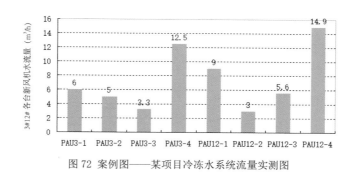

图 72 案例图——某项目冷冻水系统流量实测图

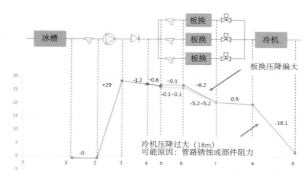

图 73 案例图——某项目冷冻水系统流量实测图

检查水系统是否存在脏堵等阻力不合理的地方，比较方便直观的方法是检查水系统各节点的压力情况，绘制水压图，当某部分阻力系数明显超过正常值时，即认为该部分存在脏堵等异常现象。正常值由调适阶段确定。

【典型案例】

某项目对系统水压图进行了细致分析，水泵扬程 29m，其中冷机阻力损失 18.1m，高于常规值。常规冷机阻力在 8 ～ 10m 左右，超出一倍，造成了水泵运行工作点的左偏（图 73）。

5. 当冷水机组的冷却水温差总是小于 5℃时，说明冷却水量偏大，此时如果水泵配置变频器，则应减速运行。

【条文说明】冷水机组合理的冷却水量与负荷有关，在满负荷时合理的冷却水量应使得冷却水温差约为 6℃左右，在部分负荷时，其合理的温差相应减小。因此，

办公建筑的环境能源效率优化设计

A Design Guideline and Operation Handbook for Environment-Energy Efficiency Opimization on Government Owned Office Buildings

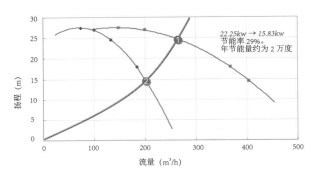

图 74 案例图——增开水泵反而节能案例

如果某项目的冷却水温差一直小于 5℃，则基本可以判断其冷却水流量偏大，过大的冷却水量虽然可使冷水机组效率略有提升，但带来的收益不足以抵消冷却水泵能耗的上升。

6. 对于并联水泵来说，当采用变频调节时：水泵工作点右偏，宜增加水泵运行台数、减小水泵运行频率；水泵工作点左偏，宜减少水泵运行台数、增加水泵运行频率。

【条文说明】对于采用变频调节的并联水泵组来说，其开启的水泵台数不是越少越好，也不是越多越好。一般原则是当水泵处于右偏状态时可尝试增加水泵，当水泵处于左偏状态时可尝试减少水泵台数。

如果水泵的自控系统较完善，则该条可通过调整自控系统的参数设定值来完成，具体做法是在系统中设定 1 台泵变换为 2 台泵时切换频率、2 台泵变换为 3 台泵时的切换频率，以此类推。

【典型案例】
某项目采暖水泵设置为一用一备，实测其性能曲线如图 74 中左侧的蓝色曲线所示，工作点固定为图 74 中的点 2，经过调节试验，当增加一台水泵时，其工作点变化为点 1，将两台水泵频率同步下调使工作点再次回到点 2 时，两台水泵的总功率约为 15.8kW，比原单台水泵功率 22.25kW 降低 29%。

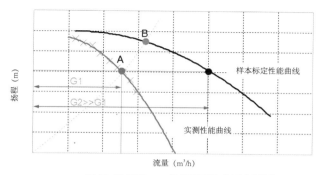

图 75 案例图——某项目冷冻水泵实测图

7. 对于并联水泵来说，当水泵定速运行时，则在满足水量要求的前提下，水泵开启台数越少越好，且一般不进行截流调节。

【条文说明】对于并联的定速泵组，之所以开启台数越少越好，是因为当台数固定时，水流量的调节只能通过水阀截流来实现，而截流损失会使得水泵在部分流量时的功率下降不明显，台数开启越多，截流损失就越大。经验表明，此时水泵的台数应尽量少开，当只开一台泵时流量还是偏大时，也不应进行截流调节，因为此时截流调节带来的水泵能耗节省远不及冷水机组能耗的上升。所以，对于并联的定速泵组来说，开启台数越少越好，且除非水泵超载，否则不进行截流调节。

8. 当水泵的实际效率低下，且通过调节无法提升时，应立即更换。

【条文说明】水泵在经过长期运行之后，可能会出现叶轮受伤等设备老化现象，致使水泵的实际效率下降，此时若通过维护和调节仍不能得到改善时，应论证对其进行更换改造的经济性，择机更换。

【典型案例】

某项目冷冻水泵的实测性能如图 75 的红线所示，而其额定性能曲线如图 75 的蓝色线所示。从图 75 可以看到，在任何扬程下，水泵的实际水流量都仅为设计流量的一半左右，水泵实际性能严重偏离出厂状况，致使该项目总是不得不将备用水泵同时投入使用方能满足空调要求,由此造成水系统约50%的能耗浪费。

办公建筑的环境能源效率优化设计

A Design Guideline and Operation Handbook for Environment-Energy Efficiency Opimization on Government Owned Office Buildings

4.4.2.4 空调末端

1. 每年至少清洗一次风机盘管过滤网。

【条文说明】风机盘管过滤网发生脏堵现象时会引起其通风量下降、表冷器积尘换热效果下降、冷冻水系统需求水量加水、需求水温降低等一系列不利影响，既使得环境质量下降，又增加空调能耗。因此应每年至少清洗一次风机盘管过滤网。

2. 每季度宜更换一次新风机组和空调机组的过滤器。

【条文说明】新风机组和空调机组的风道过滤器若不定期更换，会使机组的送风量减少、表冷器的换热效果恶化、需水量增加，既影响环境质量，又造成空调能耗上升，因此宜定期更换清洁的风道过滤器。

3. 每月检查一次空调机组和新风机组的传感器和执行器性能状况。

【条文说明】若空调机组或新风机组的传感器或执行器出现状况，则不但空调效果无法保证，还可能会造成严重的能源浪费。因此运行人员应定期对各传感器和执行器的性能状况进行检查。

4. 过渡季可以采用加大新风量或全新风方式供冷，但此时室外温度宜低于室内温度5℃以上。

【条文说明】之所以规定此条，是考虑到新风供冷时并不完全免费，还需以消耗风机电耗为代价。一般情况下，当室外温度只是比室内略低时，除非全采用自然通风，否则利用新风供冷是不经济的，甚至常常出现空调机组不在供冷，而在"供暖"（风机电耗使得送风温度反而大于室内温度）。

【典型案例】

某项目编号为 KT323 的机组在 10 月 8 日的运行情况如图 76 所示，从图 76 中的冷冻水温度可以看到，在该日的运行过程中，冷冻水阀从未开启，即机组的开机策略是完全利用新风来供冷。从图 76 中可见，虽然新风温度确实低于室内温度，但当它与回风混合后再经过风机送至室内时，其送风温度却明显高于室内温度，即该机组实际上在"供热"，而没有起到任何"供冷"作用，纯属浪费。

5. 当某一空调区域由多台空调机组同时负担时，应注意调节各台机组的协同工作。

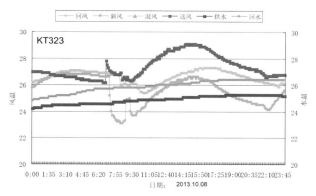

图 76 案例图——不合时宜的新风冷利用

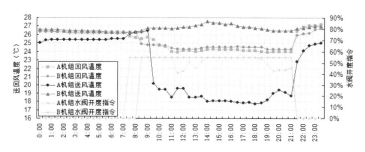

图 77 案例图——某公共区域两台空调机组同时工作情况监测图

【条文说明】当某一公共区域由多台空调机组同时供冷或供热时，这些机组往往会相互影响，经常会出现有些机组多出力，而有些机组少出力现象，甚至会出现有些机组在供冷而有的机组在"供热"现象，造成大量的能源浪费，因此对于多个机组服务于同一区域的情况下，应紧密关注各台机组的实际运行状况，随时调整。

【典型案例】

某项目 A、B 两台空调机组同时服务一个大空间区域，从运行监测情况中可以看到，其中 A 机组工作正常，一直在供冷。然而，B 机组的送风温度却高于回风温度，意味着它在"供热"，此时应该直接关闭 B 机组（图 77）。本项目解决类似的问题之后，每年约可节省用电量约 80 万度。

6. 冬季应尽量避免电加热器的使用。

【条文说明】空调系统中出于保障性考虑，往往设置有一些备用的电加热器，

办公建筑的环境能源效率优化设计

A Design Guideline and Operation Handbook for Environment-Energy Efficiency Opimization on Government Owned Office Buildings

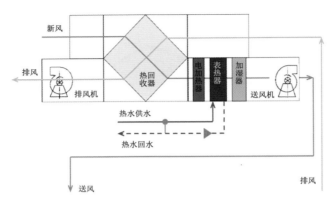

图 78 案例图——冬季电加热器不应开启的案例

如空调机组中的电热器、热风幕中的电加热器、电暖气等。但是从经济性角度考虑，用电作为热源的经济性一般都比其他热源方式要差，所以在冬季应尽可能避免使用这些备用的电加热器，切勿将它们作为正常热源使用。

【典型案例】

某项目的新风机组如图 78 所示，其中设置电加热器的目的是防止每年 3 月市政停暖之后仍有部分天气较凉，室内温度无法达标，此时采用电加热器作为备用热源。但经实测发现，本项目在整个冬季都将电加热器打开，而因为种种原因热水供应量却严重不足。本项目每年因此约造成 30 万度电的浪费。

7. 冬季应采取防止冷风浸入的有效措施。

【条文说明】冬季从建筑的各开口处浸入室内的冷风热负荷往往大于围护结构热负荷，因此有效控制冬季冷风浸入量将会对采暖热负荷的降低起着重要作用。常见的防止冷风浸入的方式有：

1）在冬季关闭部分出入口，尽量减少建筑物开口面积；

2）检查建筑物是否存在不合理的开窗，并及时纠正；

3）对于双层门部分，前后两道门的开启部位应错开布置；

4）对于单层门入口，宜设置挂帘，在满足建筑使用品质的前提下，挂帘宜尽量采用保暖、不通气型；

5）利用空气幕隔绝室内外空气流通。

4.4.3 其他用能系统节能运行

4.4.3.1 办公设备

建立下班巡视制度，关闭下班时段不应开启的电器设备。

【条文说明】公共机构的办公建筑一般均非24小时运营，在下班之后应安排人员进行巡视，关闭下班时段不应开启的电器设备，如电热水器、公共区域的照明灯具、卫生间排气扇、景观设备、一些设备机房的分体空调等。

使用者行为习惯方面，由于办公建筑使用者自身的行为造成的能源浪费，看似一点一滴，但实际节能潜力最大，也是成本最低和最容易实现的节能方式。例如下班不关电脑、白天开灯、室内控制温度设定过低等，通过大力宣传和严格管理都完全可以避免。特别是，调查中发现相当一部分办公建筑使用者一边开空调一边开门窗，使得大量室外热湿空气进入室内，成为空调系统额外的降温、除湿负荷，造成空调系统电耗大量浪费。图79是清华大学2005～2006年调查的13座政府办公楼的人均全年办公设备用电。各建筑之间高达4倍的能耗差别表明，除去人员办公密度和建筑物本身在采光、隔热方面的差别因素外，使用者行为习惯造成的能源浪费情况也在一定程度上存在。

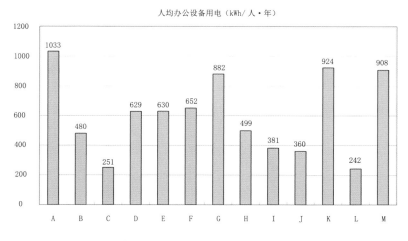

图79 政府办公楼人均全年办公设备用电调研结果

办公建筑的环境能源效率优化设计

A Design Guideline and Operation Handbook for Environment-Energy Efficiency Opimization on Government Owned Office Buildings

4.4.3.2　照明系统能耗

1. 若建筑物中存在使用频率高的日光灯等传统照明灯具，则应择机更换为节能灯具。

【条文说明】景观照明除外。

2. 当设置照明控制系统时，应定期检查其控制性能情况。

【条文说明】照明是公共机构的办公建筑内耗电占比最重的大项，设置照明控制系统可有效增强对照明用电的管理，在日常运行过程中，要加强对该系统的维护管理，以确保其正常。

3. 加强管理，避免出现长明灯，采取措施避免昼间拉窗帘全开灯，降低照明能耗。

【条文说明】照明是公共机构的办公建筑内耗电占比最重的大项，由于办公楼昼间使用的特征，昼间照明全部开启，使得采光变得"无用"是照明能耗居高不下的主要原因。通过加强管理，采取奖惩措施，形成"绿色办公生活方式"是降低照明能耗的主要方式。

4.4.3.3　生活热水及电开水器

生活热水的供水温度宜低于 45℃，以减少生活热水系统的散热损失。

【条文说明】经验表明，集中生活热水系统的热损失往往较大，为了有效控制热损失，故规定此条。

【典型案例】

我国很多办公楼一般都会在每层设置 1～2 个电加热开水器，多为内部电阻丝加热，靠外部保温层保温，功率从 9kW 到 15kW 不等（图 80）。由于电开水器的功率与主要用电设备相比并不算大，且位置分散，难于集中控制。因此，大部分办公楼对开水器缺乏管理，导致其 24 小时连续运行，节假日亦不停止加热。

经考察发现，由于开水器的外保温措施不当，外表面温度高达 70℃以上，向外界的散热量很大。在无人使用时，由于散热而导致的电耗将十分巨大。清华大学在某典型政府办公楼连续记录 24 小时的开水器用电量，从记录的数据可以计算出：在工作日，一台开水器的耗电量为 13.54kWh，在休息日一台开水器

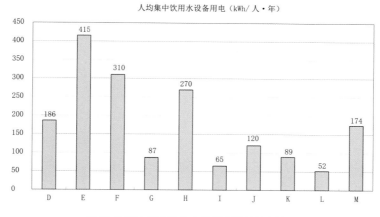

图 80 政府大楼人均集中饮用水设备用电情况

的耗电量为 10.12kWh，休息日电耗量和工作日的耗电量仅相差 3.4kWh。如果能对电开水器加强管理，缩短其不必要的运行时间，一台设备年节能可达几万度。

4.4.3.4 电梯系统

当有多台电梯时，宜设置值班电梯。上班时段各电梯同时投入运行，下班时段则仅运行值班电梯。

办公建筑的环境能源效率优化设计

A Design Guideline and Operation Handbook for Environment-Energy Efficiency Opimization on Government Owned Office Buildings

第五章 典型优化案例分析

5.1 某绿色建筑节能技术研究中心设计优化

5.1.1 背景介绍

1. 概述

该项目位于银川市金凤区,总用地面积约 0.93hm^2,总建筑面积 15449m^2,其中地上 13992m^2,地下 1457m^2。建筑的主要功能为一栋综合办公楼和一栋多功能实验研究楼。建筑设计为绿色建筑三星级标识(图 81、表 35)。

综合办公楼一、二层为实验研究室、职工餐厅、职工活动室、大会议厅,三至六层为综合办公室及博士工作站、技术培训中心、阅览室及"能耗监测中心"等。

实验研究楼内有绿色节能建筑研究室、建筑能效测评研究室、建筑材料实验研究室、建筑环境实验研究室、建筑制品检测实验室、地基基础检测实验室等。

本项目整体设计目标为:通过建筑设计与形象塑造,使本项目成为所在科技园地区的地标和绿色技术传播者,推动绿色技术在当地的推广和使用。

2. 基本情况

办公楼:位于用地北侧,总建筑面积 9615 m^2,其中地上建筑面积:8162 m^2,地下建筑面积 1457 m^2。地下 1 层,层高 3.9m;地上 6 层,首层层高 4.8m,二至六层层高 3.6m。包括:门厅、各实验室的办公室、财务室、核算室、工会、总工办、经营办、质量办、信息室、市政室、餐厅厨房等,部分实验室位于一、二层。

实验楼:位于用地南侧,总建筑面积 5834 m^2。地上 4 层,首层层高 6m,二至四层层高 3.6m。建筑功能包括:建材室、制品室、环境室、工程室、能效室、地基检测室,部分房间两层通高。

3. 技术方案

在项目整个策划与设计过程中,根据《公共机构办公建筑环境能源效率优

图 81 项目效果图

主要技术经济指标   表 35

序号	名称	数量	单位
1	规划总用地面积	9333.26	m²
2	总建筑面积	15449	m²
	其中：地上建筑面积	13992	m²
	其中：地下建筑面积	1457	m²
3	建筑物基底总面积	2774	m²
4	建筑高度	23.50（檐口）	m
5	建筑密度	30	%
6	建筑容积率	1.50	——
7	绿地面积	3326	m²
8	绿地率	36	%
9	屋顶绿化	611	m²
10	机动车停车数量	84	辆
	其中：地上停车	50	辆
	其中：地下停车	34	辆
11	自行车停车数量	280	辆

化设计导则》所确定的策略体系、决策方法，对项目的能源系统和环境性能进行了系统性优化。

4. 设计优化过程

结合该项目设计实践，验证基于环境能源效率的设计优化方法与路径；研

办公建筑的环境能源效率优化设计

A Design Guideline and Operation Handbook for Environment-Energy Efficiency Opimization on Government Owned Office Buildings

究项目的空间使用行为特征，对空间组织与建筑环境能源效率提升的关系进行挖掘；提出能源效率优化策略体系，以达到在降低运行能耗的同时，提升环境质量。

5. 技术路线

1）基于建筑"环境能源效率"理念，集成优化设计理论，设计完成三种设计方案。

2）经过比选确定更因地制宜、达到更高环境能源效率的最终方案。

3）最后将"环境能源效率"理念的优化方法应用于该项目。

6. 优化原则逻辑关系图如图 82 所示。

图 82 优化原则逻辑关系图

5.1.2　项目所在地区气候与被动式设计策略适宜性分析

　　利用 Weather Consultant 焓湿图分析显示（图 83），基于项目所在地区常年湿度高的气候特征，该地区最有效的被动式设计策略为被动式太阳房和外围护结构优化，它们的联合作用将有助于提高夏季和春季的室内舒适度水平，从而减少对人工空调系统的依赖，实现节能的目的。

5.1.3　环境性能优化分析与提升策略

1. 室内热环境优化

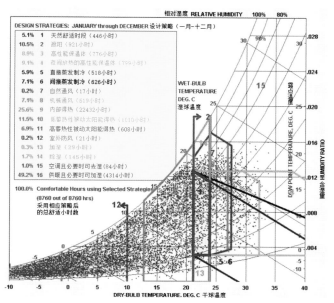

图 83 气候条件分析软件 Weather Consultant 分析结果

本次设计运用 Ecotect Weather Tool 计算项目所在地的最佳朝向（图 84），主要功能空间应优先放置在采光、防寒、防晒最为有利的朝向方面（图 85）。

图 84 Ecotect Weather Tool 方案朝向分析结果

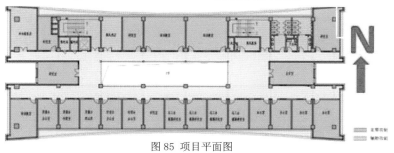

图 85 项目平面图

办公建筑的环境能源效率优化设计

A Design Guideline and Operation Handbook for Environment-Energy Efficiency Opimization on Government Owned Office Buildings

具体方案设计为建筑主体朝向兼顾城市规划与太阳轨迹分析结果，主入口选择在场地东南侧，可利用建筑自身遮蔽来回避西晒。主要功能房间朝南，辅助功能房间朝北。

2. 室内光环境优化

本项目主要功能房间办公室 L=5.7m，H=3.5m，L/H=1.63。运用 Ecotect Weather Tool 进行情境分析，最终确定采光中庭的具体位置及最佳采光位置与面积（图86）。

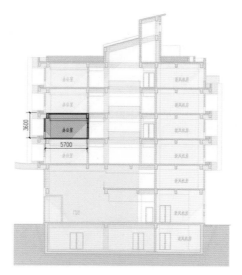

图 86 主要功能房间办公室尺寸示意及中庭位置示意

3. 室内空气质量优化

本项目采用 ContamW 软件对通风模型（airflow modeling）与热模拟模型（thermal modeling）进行耦合计算，调整方案空间布局，达到最佳室内换气次数要求（图87）。采用 Phonenics 软件分析确定拔风烟囱的位置、数量以及不同高度房间的自然通风组织细节设计，以达到换气次数≥5次，Δt≤2℃的目标。

4. 室内服务质量优化

本项目标准层办公室标准房间墙长 4m，专用面积 21.5 ㎡，墙长比为 0.186。满足主要房间的墙长比不大于 0.3 的要求，保证设备与空间设计的自由度。

计算区域	名称	换气量 m³/h	有效体积 m³/h	换气次数	室内外温差℃
101	信息室	1111	115.2	9.6	4
111	厨房	2362	499.2	4.7	5.8
112	餐厅	5250	729.6	7.2	8.7
113	门卫室	1581	96	16.5	2.6
114	市政办公室	2143	225.6	9.5	5.7
117	市政办公室	2159	307.2	7.0	5.6
118	信息室样品中转	2622	484.8	5.4	0.9
119	信息室业务大厅	8346	484.8	17.2	0.5

图 87 ContamW 计算该项目不同功能房间室内换气次数结果

图 88 局部首层架空示意

图 89 开窗处理效果图

5. 室外环境优化

本项目经过建筑设计及景观设计优化达到通风架空面积比 K=28.6%（图88），场地透水率 K=65.7%，可以确保适宜的场地通风水平和雨水自然回渗；建筑外墙局部设有装饰图案，与当地的建筑元素相呼应，这些元素既塑造出现代化的建筑形式，又通过窗口边缘的民族图案体现了建筑的地域特征（图89）。

5.1.4 能源负荷分析与节约策略

1. 体形系数与窗墙比优化

本项目体形系数限定值为≤ 0.40，窗墙比为 0.21，建筑外墙为框架结构内填 200mm 厚陶粒轻质混凝土空心砌块，外设 65mm 厚聚氨酯板（传热系数≤ 0.40W/m²·K）保温层，外窗采用（6+12+6）mm low-E 钢化中空玻璃的断桥铝合金窗（传热系数≤ 1.90W/m²·K）。

办公建筑的环境能源效率优化设计

A Design Guideline and Operation Handbook for Environment-Energy Efficiency Opimization on Government Owned Office Buildings

2. 设备选型节能优化

本项目所在地属于典型的干热气候条件，室外相对湿度和含湿量较低，本项目设计采用干空气能蒸发制冷和氟利昂直接膨胀制冷，分季节、分时段单独或联合制冷冷源，末端采用地板辐射供冷＋新风模式（图 90）。

3. 新能源利用

本项目所在地一年四季太阳能辐射充足，故该项目充分利用太阳能，在屋顶铺设 44 台 18 管真空太阳能管集热器。每台集热器面积 2.4 ㎡，容积 140L（图 91）。

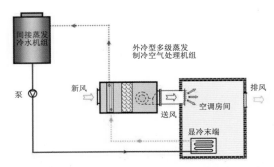

图 90 蒸发制冷串联式空气——水系统流程示意

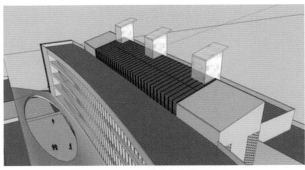

图 91 屋顶太阳能板示意图

4. 运行管理节能优化

本项目提供能源总消耗量情况，对各系统、各设备均分类设置了冷热量、供气量、电力量、给水量等能耗计量设备。

5. 照明、设备能耗优化

本项目办公室设高效节能格栅荧光灯具，配置高功率因数电子镇流器，功率因数大于 0.90，显色指数（Ra）大于 80，色温为 4000K。走廊内照明采用紧凑型节能筒灯。设备机房采用控照式日光灯，功率因数大于 0.90。楼梯间采用红外移动探测加光控开关控制；公共走廊、大厅照明采用智能照明控制系统。

5.1.5 环境能源效率分析与评价

本项目主要示范目标是总结与验证"环境能源效率"理念对绿色建筑适宜技术策略的选择、技术整合设计、设计流程组织等设计阶段操作方法的影响。综合分析本项目环境能源效率示范作用，主要分为两个阶段的工作：

1. 适宜技术策略选择

本项目根据"环境能源效率"理念所确定的优化设计路径，进行相关技术策略的选择和论证工作，具体包括：

（1）场地设计优化

结合绿地率设计要求，在集中绿化部分形成场地雨水汇集区，根据"雨水花园"设计要求，形成与场地景观相结合的雨水收集与就地回渗。

（2）体形系数与窗墙比优化

根据不同方案，进行初步冷热负荷估算，形成最优体形系数和窗墙比设计要求。

（3）外围护结构优化

结合外墙、外窗等外围护结构关键构件的参数要求，引入屋顶绿化、窗式反光板等辅助优化策略，并基于情景模拟分析，对其"环境能源效率"表现进行评价，确定相应技术要求。

（4）空间组织设计优化

根据"环境能源效率"理念，将该项目的办公空间、实验空间进行分别对待，并引入"缓冲层"做法，对朝北和朝西等不利朝向布置和对采光、采暖空调相对不敏感或要求相对较低的辅助服务空间，结合组织自然通风要求，在适宜区域设置通高空间，形成拔风空间，提高建筑的自然通风水平。

（5）机电系统优化

根据项目的使用特点，确定适宜的采暖空调系统选型，论证地道通风与温

办公建筑的环境能源效率优化设计

A Design Guideline and Operation Handbook for Environment-Energy Efficiency Opimization on Government Owned Office Buildings

湿独立空调系统的"环境能源效率"表现，最终确定适宜的机电系统优化路径。设置能源管理系统，为后期运营维护的节能诊断准备条件。

2. 设计流程组织优化

"环境能源效率"优化需要在设计的最初阶段，即召集相关专业人员进行技术研讨，对技术策略方案进行协调，将"环境能源效率"的要求贯彻到不同专业技术领域的论证当中，并随着设计进展，持续深化相关论证和整合。

在本项目的技术策划阶段，我们根据预设的绿色建筑三星级设计目标、项目所需要达到的功能和展示需求、项目所在区域的自然气候特征、项目选址的地形地貌等基本条件，从气候分析、三星级评价技术要求等角度，基本确定了项目的功能组成、技术定位、技术路线和初步技术体系。

在方案设计阶段，根据项目使用方的需求，结合场地分析，我们提出了三个备选方案，对三个备选方案进行了冷热负荷计算，分别确定场地规划、最佳窗墙比、体形系数、外围护结构技术参数、可行的空调采暖系统及主动技术优化路径等内容，并分别评价不同方案的"环境能源效率"得分，与使用方进行充分交流，确定下阶段深化设计的发展方向。

在扩初设计与施工图设计阶段，我们根据确定的方案设计方向，与各专业人员深入探讨适宜的技术组成，要求根据"环境能源效率"优化的要求，量化分析关键性技术策略的得失，最终确定技术策略选择，并组织深化设计。

5.1.6　效果评价

1. 绿色建筑三星级设计标识

本项目建筑设计为绿色建筑三星级标识。通过总体规划和建筑单体优化设计，优先采用被动式技术，与周边生态系统取得动态平衡，节约资源和减少排放，提高使用者的环境舒适性，同时将绿色环保的理念贯穿到项目设计、施工、运营的全寿命周期。各项具体得分率见表36。

（1）节地与室外环境

各项具体得分率 表36

每类得分指标	节地	75	节能	79	节水	70	节材	50	室内环境	79
每类指标得分率（%）	节地	75	节能	81.44	节水	93.33	节材	72.46	室内环境	79
新国标评价结果	总得分率（设计）（%）						80.38			

1）本工程总平面规划设计满足当地规划局的审批要求。本工程规划选址时优先选择已开发地，不得非法占用及破坏当地文物、自然水系、湿地、基本农田、森林和其他保护区。

2）依据《场址检测报告》和《环境影响评价报告》，本工程建筑场地内无洪灾、泥石流及含氡土壤的威胁，建筑场地安全范围内无电磁辐射危害和火、爆、有毒物质等危险源。

3）本建筑对周边建筑不产生日照遮挡，外围护选用材料满足《玻璃幕墙光学性能》GB/T 18091—2015相关要求并严格控制室外景观照明，避免对周边建筑造成光污染。

4）建筑内部无排放超标的污染源。

5）本建筑环境噪声依照现行国家标准《城市区域环境噪声标准》GB 3096—2008的规定进行设计，在需要区域采取适当的隔离或降噪措施。

6）本建筑景观设计选择适合当地气候和土壤条件的物种并采用乔、灌木的复层绿化。

7）本建筑场地交通组织合理，建筑主要出入口与公交站点相邻，步行距离不超过500m。

（2）节能与能源利用

1）本建筑依照《公共建筑节能设计标准》GB 50189—2015设计，满足建筑节能50%要求。按围护结构热工性能的相关要求对外墙、屋面、窗墙比、外窗及遮阳进行设计并同时满足节能标准的要求，具体性能指标见表37。

2）本工程采暖热水由自备燃气锅炉提供，热水供回水温度为50～75℃。

3）建筑各房间或场所的照明功率密度指标满足《建筑照明设计标准》GB 50034—2013第6.1.2条～第6.1.4条相关规定。

4）设计对建筑各能耗环节进行分项计量。如冷热源、输配系统、照明等设

办公建筑的环境能源效率优化设计

A Design Guideline and Operation Handbook for Environment-Energy Efficiency Opimization on Government Owned Office Buildings

围护结构性能指标   表 37

围护结构部位	传热系数 K [W/(m² · k)]	遮阳系数 SC 限值
屋面（非透明部分）	0.44	—
屋面（透明部分）	2.2	—
外墙	0.40	—
外窗（0.3< 窗墙比≤ 0.4）	1.9	≤ 0.65
底面接触室外空气的架空或外挑楼板	0.44	—

独立分项计量仪表。

　　5）建筑采用可开启外窗通风，可开启面积不小于外窗总面积的 30%。

　　6）建筑外窗的气密性满足国家标准《建筑外门窗气密、水密、抗风压性能分级及检测方法》GB 7107—2008 中规定的 4 级要求，建筑透明幕墙的气密性满足《建筑幕墙》GB/T 21086—2007 中规定的 3 级要求。

（3）节水与水资源利用

　　1）本项目设计已制定总体水系统规划方案，统筹、综合利用各种水资源。生活给水水源为城市自来水。

　　2）本项目给水排水系统依照《建筑给水排水设计规范》GB 50015—2003 中的相关规定设计，完整考虑管材、污水收集排放、地形地貌等多重相关因素。

　　3）本项目采取有效措施避免管网漏损：采用耐腐蚀、耐久性能好的管材、管件，使用的管材管件符合现行产品行业标准的要求，选择密封性能好的阀门及设备。合理设置检修阀门的位置及数量，有利于降低检修时的泄水量。根据水平衡测试标准安装分级计量水表，且安装率达 100%。

　　4）本项目设计依照《节水型生活用水器具》CJ/T 164—2014 及《节水型产品通用技术条件》GB 18870—2011 相关要求选用节水器具。

　　5）本项目绿化灌溉采用微灌的灌溉方式，达到高效节水目的。

　　6）本项目设计依照各功能用途分别设置水表，利于物业管理监控。

（4）节材与材料资源利用

　　1）本项目结构设计钢筋采用 HRB400 级钢筋并占钢筋总量的 95% 以上。

　　2）本工程采用钢筋混凝土作为承重墙体材料，混凝土空心砌块作为非承重墙体材料。

3）本项目采用土建与内部装饰一体化设计施工。

4）为满足建筑使用功能变化及空间变化的适应性，本工程室内采用轻质隔墙，减少重新装修时的材料浪费和垃圾产生，可变换功能的室内空间采用灵活隔断。

（5）室内环境质量

1）本项目建筑通过采用保温隔热措施，减少围护结构热桥部位的传热损失，外墙和外窗等外围护结构内表面温度高于室内空气露点温度，避免表面结露和发霉。

2）本项目属办公类建筑，室内背景噪声降噪满足《商场（店）、书店卫生标准》GB 9670—1996 的相关要求。

3）本项目建筑设计中照度、统一眩光值、一般显色指数等指标均满足《建筑照明设计标准》GB 50034—2013 的相关要求。

4）本项目设计符合《无障碍设计规范》GB 50763—2012 中的相关要求。

2. 环境能源效率提升效果

根据《公共机构办公建筑环境能源效率优化设计导则》环境能源效率设计优化决策工具评价计算，该项目 Q 部分得分：91.68，L 部分得分：4.34。一级指标各项得分雷达图如图 92 所示。

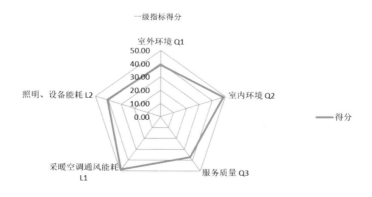

图 92 一级指标各项得分雷达图

办公建筑的环境能源效率优化设计

A Design Guideline and Operation Handbook for Environment-Energy Efficiency Opimization on Government Owned Office Buildings

1）各级指标各项具体得分（表38）

各级指标各项具体得分			表 38
一级指标	得分	二级指标	得分
室外环境 Q1	38.94	场地热环境 Q1-1	7.19
		场地风环境 Q1-2	6.75
		场地声环境 Q1-3	8.33
		场地人文环境 Q1-4	16.67
室内环境 Q2	48.46	热环境 Q2-1	17.31
		光环境 Q2-2	17.31
		室内空气质量 Q2-3	7.69
		室内声环境 Q2-4	6.15
服务质量 Q3	37.25	功能性 Q3-1	22.50
		适应性 Q3-2	14.75
Q			91.68
采暖空调能耗 L1	48.77	冷热负荷 L1-1	15.59
		系统效率 L1-2	28.52
		可再生能源利用 L1-3	3.14
		运行管理节能 L1-4	1.52
照明、设备能耗 L2	41.00	照明能耗 L2-1	33.00
		其他设备能耗 L2-2	8.00
L			89.77

2）建筑环境性能基本要求与提升策略得分（图93）

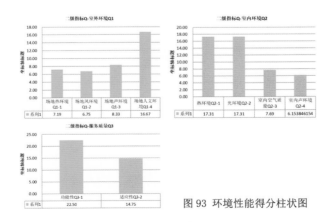

图 93 环境性能得分柱状图

3）建筑能源负荷基本要求与节约策略得分（图94）

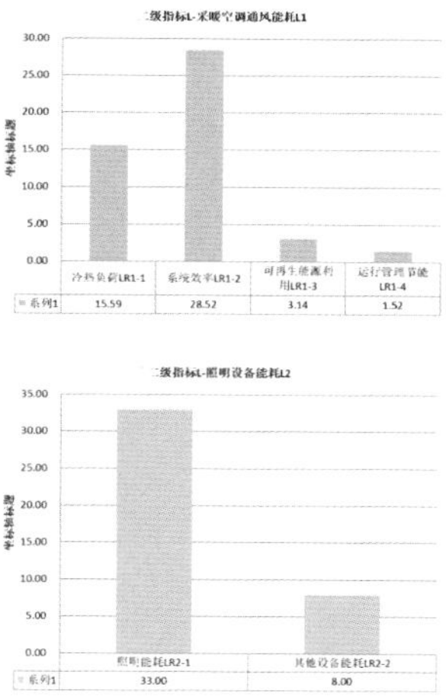

图 94 能源负荷得分柱状图

5.2 某公共机关办公楼照明能耗室内光环境质量实测

照明能耗是大型办公建筑能耗的重要组成部分，约占建筑总能耗的 20% ～ 40%。已经有研究表明，影响建筑照明能耗的主要因素有室外照度和人员行为，照明能耗与室外照度相关，当室内照度较大时，灯具开启度较低。但也有些研究表明，开灯行为仅和用户是否在室内有关，而与室外照度无关。那么针对公共机关办公楼，照明能耗的特征是否与其他大型办公楼有显著差异？照度水平以及灯具的开启有什么样的特点呢？本研究对照明能耗数据，以及针对 64 间办公室照度进行测试分析研究。

5.2.1 办公楼室内照度标准

办公建筑室内照度标准是评判室内照明质量的尺度，照明质量优良的室内环境，必须满足照明标准和使用要求。我国规定一般办公室、会议室等照明设计标准值均为 300lx，对高档办公室设计标准值为 500lx。

5.2.2 建筑照明能耗实测及分析

本研究对照明能耗的分析是基于能耗分项计量数据进行的，能耗数据为逐时分项计量数据，分析尺度包括年总量、月份分布和典型日照明能耗特征的分析。根据 2013 年全年该办公楼的能耗数据，绘制了该办公楼逐月和全年能耗的累计百分比柱

办公建筑的环境能源效率优化设计

A Design Guideline and Operation Handbook for Environment-Energy Efficiency Opimization on Government Owned Office Buildings

状图（图 95）。

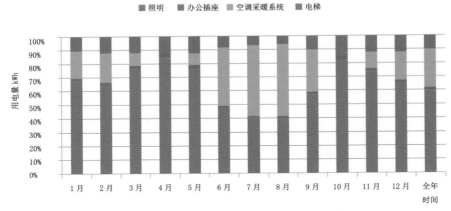

图 95 该办公楼逐月和全年能耗累计百分比柱状图

由图可以看出，该办公楼全年的照明能耗占总电能消耗的 60%，在夏季照明能耗占 40% 左右，冬季占 65% 左右，过渡季节照明能耗甚至占到 80% 以上，远大于常规办公建筑给出的照明能耗所占建筑能耗的比例。由此可以看出，对于该公共机关办公楼，照明能耗所占比例是所有能耗中最大的，应作为建筑节能降耗的重点。

图 96 和图 97 给出了 7 月份某日照明、空调和办公设备三项分项能耗累计图和累计百分比柱状图。由图 96 可以看出，从 8 点钟上班开始，照明能耗逐渐增加，在上午 10 点达到最大值后一直维持较高水平直到下午 5 点照明能耗开始降低。与人员上班时间一致，和办公室人员在室率有关。比较意外的是在中午休息期间（12:00 ～ 14:00），照明能耗也并未出现预想中的大幅降低，如果办公室灯具的开启是和人员的在室率相关，人员可能也难以做到人走灯灭。由图 97 可以看出三项主要能耗中，夜间（夜间 10 点至第二天早晨 7 点）照明能耗占总能耗的 80%，照明能耗在上午 8 点钟开始逐渐增加，在上午 10 点达到 30% 比例后，直至下午 5 点处于 30% 比较稳定的比例，全天照明能耗占总能耗的 40%。

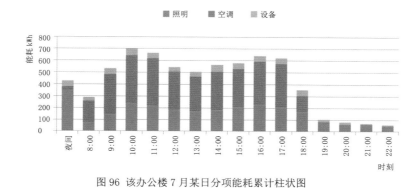

图 96 该办公楼 7 月某日分项能耗累计柱状图

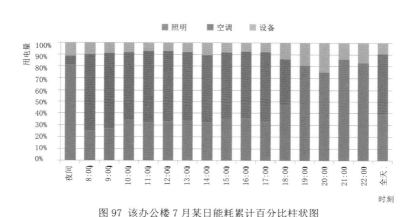

图 97 该办公楼 7 月某日能耗累计百分比柱状图

5.2.3　建筑室内照度实测及分析

本研究对该办公楼 64 间办公室的室内照度进行了测试，测试数据结果见图 98。图 99 给出了房间照度累计频数和累计百分比。由图 98 可以看出，除编号为 50 的房间因房间灯具损坏未及时更换低于 300 lx 外，其余房间的照度均大于 300 lx。由图 99 的各照度房间的累计频数和累计百分比可以看出，70% 以上的房间照度大于 600 lx，60% 以上的房间甚至达到了 800 lx 以上。如果按照设计标准为 300 lx，那么可以推断，约 60% 的房间由室外自然光线提供的照度值在 500 lx 左右。换言之，如果此时不开启灯具，60% 的办公室的室内自然采光是可以满足使用要求的。但是所调研的 63 间办公室无一例外的是房间灯具全开。重现了注释 1 中所提到房间灯具的开启只与房间人员有关，与室外的照度是没有关系的规律。从建筑设计和建筑管理的角度分析，为什么会产生这种状况？其

1 薛志峰，大型公共建筑节能研究 [博士学位论文]. 北京：清华大学，2005

办公建筑的环境能源效率优化设计

A Design Guideline and Operation Handbook for Environment-Energy Efficiency Opimization on Government Owned Office Buildings

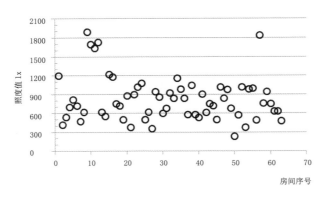

图 98 房间照度测试散点图

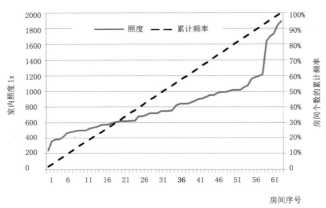

图 99 房间照度累计频数和累计频率图

中一个原因是设计不足、朝向等原因造成室内眩光过大，或者单面采光造成室内照度分布不均，从而产生视觉上的明暗对比，产生开灯行为。同时，照明设计又未根据距离窗户远近设置单独的分区照明控制开关，造成灯具全开长明现象。结合前文提到的中午休息时间照明能耗居高不下来看，管理上也存在不足，未能实现人走灯灭，实现管理节能。

5.2.4 结论及提升建议

1. 该办公楼全年的照明能耗占总电能消耗的 60%，其中夏季照明能耗占比为 40% 左右，冬季为 65% 左右，过渡季节照明能耗甚至占到 80% 以上。该公共机关办公楼的照明能耗是第一能耗，应作为节能降耗的重点环节。

2. 通过分析发现，在该公共机构办公建筑中，室外照度对照明能耗的影响较小，照明能耗的日变化主要受作息的影响，照明能耗较大的原因有待改善，也有待加强管理实现管理节能的因素。

5.3 公共机关办公楼室内二氧化碳浓度实测研究

近年来，为了节约能源，新建建筑物气密性增加，新建筑材料特别是化学合成建材被广泛用于办公室装修中，办公家具、办公设备、电器、空气清新剂、防虫剂、杀虫剂、洗涤剂等也成了必不可少的用品。这些因素都导致了室内空气中有害物质无论从种类上或数量上不断增加，从而产生了室内空气污染。室内空气质量直接影响人们的健康。当前室内空气质量已成为国内外高度关注的环境问题之一。二氧化碳是人体生理产生的物质，因此，在一般情况下不被认为是有毒物质。室内二氧化碳浓度常用来表征室内新鲜空气多少或通风程度强弱，其同时也反映了室内可能存在的其他有毒有害污染物的聚集浓度水平。室内二氧化碳的来源包括室内和室外两种，室内来源主要有两方面：来自人体呼吸和室内燃烧（抽烟、蚊香等）。本研究通过二氧化碳浓度的测试来分析评价公共机关办公楼室内换气量的状况，进而可以定性表征室内空气质量。

5.3.1 对于二氧化碳浓度的卫生标准

卫生评价标准是评判室内空气质量好坏的一个尺度，优质的室内环境，必须保证所有人长期居住或停留都感到愉快、舒适，并能够保护敏感人群和普通人群的健康。人体对二氧化碳浓度的敏感性个体差异很大，一般认为，哮喘病人对二氧化碳的理想范围为 485 ~ 1225ppm，普通人群对二氧化碳的理想范围为 485 ~ 2420ppm。我国室内环境质量标准对办公室、会议室等室内空间二氧化碳浓度的标准限值均为 1000ppm，对食堂餐厅空间的二氧化碳浓度标准限值为 1500ppm。

5.3.2 办公室二氧化碳浓度的实测

本研究针对某公共机关办公楼的 64 间办公室进行了现场测试，测试仪器采用二氧化碳自记仪 EZY-1S。测试数据的同时记录了房间开窗情况，测试数据如图 100 所示，可以看出，除两个房间因为启动空调并关闭门窗导致超标外，其余房间的二氧化碳浓度均低于 1000ppm。从图 100 的分析结果来看，对于运行了集中空调的房间，二氧化碳浓度与房间是否开窗无关。图 101 给出了对 64

办公建筑的环境能源效率优化设计

A Design Guideline and Operation Handbook for Environment-Energy Efficiency Opimization on Government Owned Office Buildings

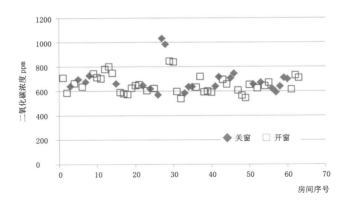

图 100 二氧化碳浓度的分布图

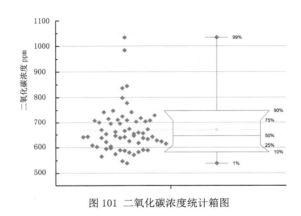

图 101 二氧化碳浓度统计箱图

个房间二氧化碳浓度的统计箱图，可以看出，房间二氧化碳浓度的中值约为 650ppm，平均值为 670ppm。90% 的房间均低于 750ppm，说明各办公室均具有较好的新风量。换言之，集中空调运行期间，由于集中新风系统同时在运行，开窗并不能带来好的空气质量，但是对于未运行中央空调的房间应开窗换气，否则二氧化碳浓度会持续上升，室内污染物的浓度也会随之增高。在室外 PM2.5 浓度较高的条件下，开窗可能会是造成室内 PM2.5 较高的一个因素。

5.3.3　食堂餐厅二氧化碳浓度的实测

本研究对该办公楼的公共餐厅在就餐期间二氧化碳浓度进行了连续测量，测试间隔设置为 30s。图 102 给出了该餐厅内二氧化碳浓度随时间的变化曲

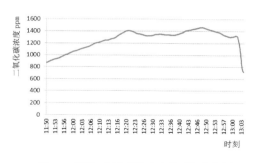
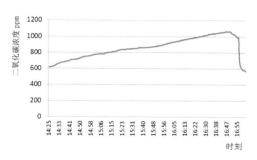

图 102 餐厅二氧化碳浓度变化时间曲线图　　　图 103 会议室二氧化碳浓度变化时间曲线图

线，可以看出，随着就餐人数的增加，二氧化碳浓度在半个小时内持续迅速增长，但增长到 1400ppm 时基本处于动态平衡状态。也就是说，此时人员呼出的二氧化碳和新风的稀释达到了平衡状态。在 13：00 就餐时间结束后，二氧化碳浓度直线下降。室内环境质量标准对于餐厅的室内二氧化碳浓度的最大限值为 1500ppm，由测试数据可知，在用餐高峰期间该餐厅可满足此标准要求。由此规律还可以认定该餐厅是按照最大用餐人数设计新风量，并且运行状况良好。但是在用餐结束后餐厅内空调持续开启，维持着较大的新风量，此时餐厅几乎无人使用，会浪费了大量的冷量。建议对于人流量较大并且使用时间较短的餐厅应设计为变新风或者独立新风系统，根据二氧化碳浓度或者使用人员的数量来调节新风量。

5.3.4　会议室二氧化碳浓度的实测

本研究对该办公楼正在使用的某会议室内的二氧化碳浓度进行持续测试，图 103 给出了该会议室二氧化碳浓度随时间的变化曲线，可以看出，在会议召开的两个多小时内，二氧化碳浓度持续上升，且无平衡点，说明新风量不够。万幸的是在上升到 1000ppm 以上时，会议结束了，后二氧化碳浓度开始直线降低，如果会议还要继续的话，就应该增大新风量了。会议结束后，出现了与餐厅类似的直线下降区段，迅速降到与室外一致。

5.3.5　结论及提升建议

1. 该公共机关办公楼办公室二氧化碳浓度维持在一个较低的水平，在中央空调开启期间，开窗现象较为普遍，开窗对室内空气质量的改善无明显效果。但是对于不开启空调的办公室，或者在过渡季节，应该开窗换气，补充新风量。

办公建筑的环境能源效率优化设计

A Design Guideline and Operation Handbook for Environment-Energy Efficiency Opimization on Government Owned Office Buildings

2. 餐厅、会议室等非连续使用且人员密集的空间，设计为变新风或者独立新风系统，根据二氧化碳浓度或者使用人员的数量来调节新风量，在保证室内空气质量的同时，实现节能运行。

5.4 某政府办公大楼运行调试提升案例

某政府综合办公楼 2015 年 6 月正式开始使用。建筑地上 6 层，地下 3 层，总建筑面积 $62562m^2$。综合办公楼办公区域空调系统使用风机盘管加新风系统，食堂为全空气系统加排风。办公区域与食堂等处冷源为三大一小共四台螺杆式冷水机组。

5.4.1 能耗审计

项目调试之初，对办公楼进行了能耗审计，其中大楼日间总耗电量周一至周五稳定在 1000kWh 左右，周末略低，为 700kWh 左右。

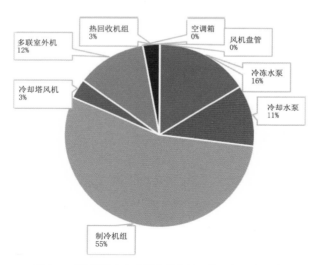

图 104 工作日综合办公楼分项能耗（总用能／空调系统）

7 月 13 日（工作日）综合办公楼各分项能耗比例如图 104 所示。可以看出综合办公楼空调耗电中，水泵电耗比例过高。

在能耗审计同时，我们对综合办公楼的空调系统性能进行了测试，测试内容包括冷机性能、输配系统性能等内容（图 105）。

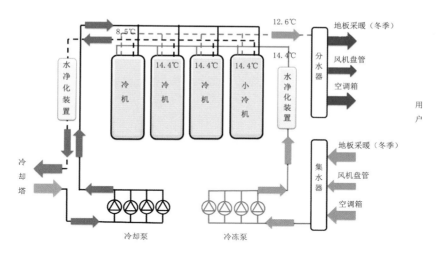

图 105 空调系统图

测试结果表明，冷机实际COP约为4.39，远低于额定的5.33，考虑输配能耗，由于一台冷机对应开了两台冷冻泵，冷站的系统COP仅为2.44。冷机负荷率为60%，负载率72%。

由于楼控系统未运行，而开启部分冷机时没有关闭未运行冷机阀门，导致未运行冷机被旁通。实测未运行冷机冷冻水出水温度14.4℃，运行冷机出水温度8.5℃，混水后总供水为12.6℃。总供回水温差仅1.8℃，属小温差大流量情况，泵耗过大。

由于阀门未关，冷冻泵与冷却泵运行均工作于非设计工况点。冷冻泵开启两台，功耗共66kW（单台额定37kW），冷却泵开启一台，功耗为41kW（单台额定37kW），存在烧泵的可能。

冷冻泵输配系数仅为13.5，冷却泵输配系数为29.7，均偏低，冷冻侧更为严重。冻水支路机组支路占总水量65%，但由于机组均未运行，所以供回水温差为0，水流过却没换热，白白浪费泵耗。冷却塔因噪声问题尽量减少风机开启，所以所有塔都有水喷淋，导致泵耗高且换热效率低，冷却塔效率约为46%。

办公建筑的环境能源效率优化设计

A Design Guideline and Operation Handbook for Environment-Energy Efficiency Opimization on Government Owned Office Buildings

5.4.2　运行调试

2015 年 7 月 22 日，对大楼内空调系统进行了运行调试，调试内容如下：手动关闭非运行冷机冷冻水及冷却水双侧阀门，调节分水器机组回路阀门开度。调试后，水泵用电明显降低。冷机 COP 上升到 4.93，冷站系统 COP 上升至 3.3。冷机负荷率上升到 66%，而负载率仍为 72%，即用不变的电量制出了更多的冷量（图 106）。

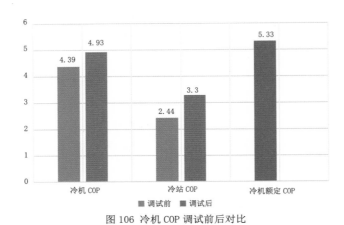

图 106 冷机 COP 调试前后对比

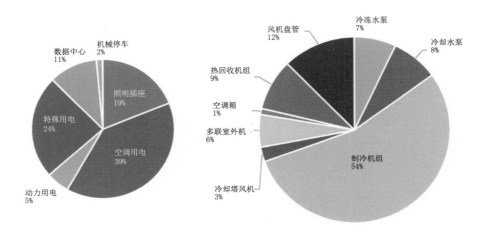

图 107 调试后综合办公楼分项电耗比例

由于关断冷机旁通，总供水温度与运行冷机出水温度基本相同。而未开启冷机距上次开机时间不同引起出口处温度不同。由于部分阀门调整，管路特性变化，水泵运行状态也变化了。调节后冷冻泵仅开一台，实际功耗约为32kW；冷却泵实际功耗约为37kW。在调节支路阀门后，机组支路与盘管支路水量相当，各占约50%的总流量。通过分析调试后的能耗分项比例如图107所示，与调试前结果对比，泵耗明显减少，热回收机组、制冷机组耗电增加。冷机负荷率上升，不变的电量制出了更多的冷量，建筑环境品质提升。

办公建筑的环境能源效率优化设计

A Design Guideline and Operation Handbook for Environment-Energy Efficiency Opimization on Government Owned Office Buildings

附录

附录1:
不同气候区条件下典型公共办公机构建筑适宜"被动区"比例研究

一、"被动区"的定义

被动区概念主要见《Energy and Environment in Architecture》(2005)、《台湾地区办公类建筑节能设计技术规范》等学术著作或技术文件,指的是距离建筑外墙 5m 或室内空间净高 2 倍的进深区域,仍可以获得较好的自然采光和自然通风效果,因此将该区域称为"被动区"(台湾称为"外周区")(图108)。对于临近中庭或围合内庭园部分,该区域的进深缩小为 1～1.5 倍室内空间净高。

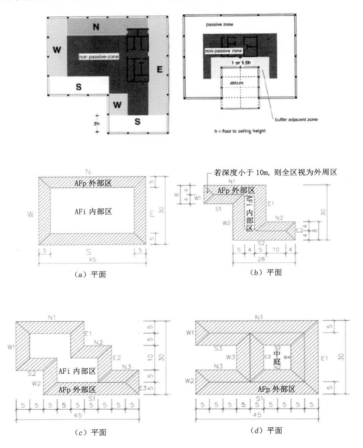

图108 不同形态建筑的"被动区"范围示意图

与该定义较为相近的概念为"空调分区"，指的是在负荷分析基础上，根据空调负荷差异性，合理地将整个空调区域划分为若干个温度控制区。建筑"内区"一般为冷负荷，主要由人体、灯光照明以及其他设备散热形成。由于人体及设备散热量的变化较小，所以内区的冷负荷波动较小。内外分区的界限，设计者一般是根据经验而定。在欧洲和日本一般进深超过 5m，则进行空调分区；国内一般情况下，标准层的进深超过 3 ～ 5m 时，就进行分区。

"被动区"的提出，主要着眼于最大限度利用自然环境满足室内舒适度要求，其范围的界定来源于经验，受层高、外围护结构做法、窗墙比等诸多因素影响，存在较大的不确定性。"空调分区"的提出，主要着眼于减小空调系统的调整幅度，受建筑功能特征、室内空间的划分、冷热负荷的变化等因素影响。二者主要区别是："被动区"是以提高空间不确定性（或称之为"行为可介入度"）为目标的概念，而"空调分区"则是以提高空间的确定性（或称之为"系统运行稳定度"）为目标所提出的概念。对于全开敞空间而言，"被动区"与"空调外周区"的范围基本重合，而对于功能相对复杂的建筑类型，二者则容易出现较大背离。对于同一个平面而言，其被动区的范围是相对恒定的，而空调分区，则与室内分隔、房间功能等有较大关系。

本研究主要立意在于让建筑更好利用自然环境，引导行为节能，因此应以适度引入（而非屏蔽）自然环境以增加建筑环境复杂性（而非确定性）为目标，从这一角度看，采用"被动区"的概念，可能更为适合。

二、技术路线
1. 背景介绍
本研究以小型办公建筑（建筑面积 10000m² 左右）为对象，通过模型搭建，分析不同气候区（严寒地区、寒冷地区、夏热冬冷地区、夏热冬暖地区、温和地区）条件下，"被动区占比"因子与建筑冷热负荷的相关性。

分析研究思路如下：
1）根据《公共建筑节能设计标准》GB 50189—2015 前期调研以及相关文献总结，形成六种不同被动区占比平面，并据此搭建基准模型。
2） 选择与建筑冷热负荷相关性较大的空间设计影响因子，对我国 5 个典型

办公建筑的环境能源效率优化设计

A Design Guideline and Operation Handbook for Environment-Energy Efficiency Opimization on Government Owned Office Buildings

气候区相关气象参数，对基准模型分别进行不同工况（表 39）下的建筑冷热负荷模拟分析。

3）整理分析数据，总结归纳设计指导。

不同设计因子工况   表 39

因子 \ 工况	工况	工况 1	工况 2	工况 3	工况 4	工况 5
朝向	南	南	南	南	南	南
窗墙比	0.5	0.5	0.5	0.5	0.5	0.5
被动区所占面积比例	0.490	0.500	0.539	0.588	0.640	0.696

2. 模拟平台

建筑动态能耗模拟方法广泛用于建筑工程行业。它提供了一个综合的建筑物理模拟环境，能够模拟典型气象年建筑物不同区域的复杂热流情况以及空调系统的运行情况，预估在某种人员活动作息和空调系统运行作息下建筑物的各种能耗。更重要的是，可以比较不同设计方案的能耗效果从而对设计进行优化。

本课题的模拟分析平台选择 IES<VE> 是由英国 IES 公司开发的集成化建筑模拟软件，其核心思想是通过建立一个三维模型，来进行各种建筑功能分析，减少了重复建模的工作，保证了数据的准确和工作的快捷。IES<VE> 已经成为英国以至于欧洲市场占有量最大的生态建筑模拟分析软件，在美国也取得了骄人的业绩。

3. 模型输入

建立一个综合的建筑物理模拟环境，主要包括以下步骤：

第一步：创建建筑的三维几何模型

第二步：定义建筑结构材料、人员密度、照明与设备功率密度、室内环境设计参数、运行时间等。例如，建筑运行时间表定义了模拟期间逐时的运行条件，包括：

◆显示人员在室率

◆调整照明强度

◆定义温度设置点

◆控制系统设备运行时间

第三步：完成参数输入后，运行建筑整体负荷的动态模拟，得出建筑整体的全年冷热负荷值。

本研究首先依据建筑设计图纸及《公共建筑节能设计标准》GB 50189—2015对以上参数进行了定义和假设。具体细节如下各节所述（图109）。六种平面基准模型信息及各个功能空间建筑面积比见表40。

六种平面基准模型信息 表40

工况	朝向	建筑面积（m²）	高度(m)	层数（层）	被动区比例	窗墙比
Basecase	南	7350	21.6	6	0.49	0.5
Case1	南	7350	21.6	6	0.500	0.5
Case2	南	7350	21.6	6	0.539	0.5
Case3	南	7350	21.6	6	0.588	0.5
Case4	南	7350	21.6	6	0.640	0.5
Case5	南	7350	21.6	6	0.696	0.5

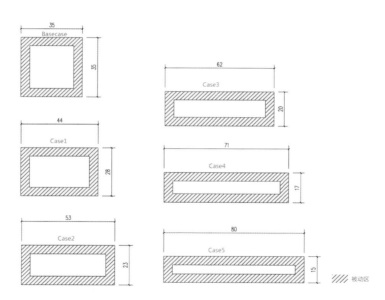

图109 六种平面基准模型的"被动区"范围示意

办公建筑的环境能源效率优化设计

A Design Guideline and Operation Handbook for Environment-Energy Efficiency Opimization on Government Owned Office Buildings

三、基本设定

3.1 气象数据

本研究选取的五个典型气候区城市分别是：严寒地区的哈尔滨、寒冷地区的北京、夏热冬冷地区的上海、夏热冬暖地区的香港和温和地区的昆明。

3.2 建筑运行时间

建筑全年开放，周一至周五上午 7 点到下午 6 点，周六周日节假日休息。工作日与节假日供暖空调区室内温度、照明开关时间、人员逐时在室率及电器设备逐时使用率参考为控制变量，基准模型房间热扰、作息表等参数均参照《公共建筑节能设计标准》GB 50189—2015 中表 B.0.4-2、表 B.0.4-4、表 B.0.4-6 和表 B.0.4-10 确定，详见图 110。

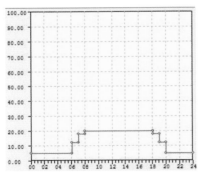 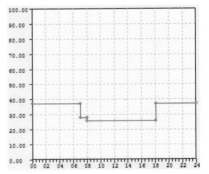

（a）工作日室内供暖温度设定（节假日 5℃）；　　（b）工作日室内制冷温度设定（节假日 37℃）；

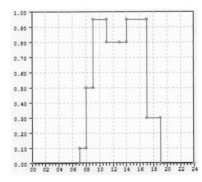 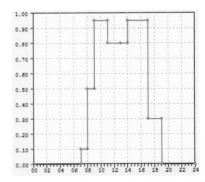

（c）照明开关时间表（%）；　　（d）房间人员逐时在室率（%）& 电器设备逐时使用率（%）

图 110　参数参照图

资料来源：《公共建筑节能设计标准》GB 50189—2015

3.3　建筑外围护结构

表41列出了基准模型围护结构的热工性能,均参照《公共建筑节能设计标准》GB 50189—2015中表3.3.1-1、表3.3.1-3、表3.3.1-4、表3.3.1-5和表3.3.1-6确定。

基准模型围护结构的热工性能　　　　　　　　　　　　　　表41

围护结构部位		各地节能要求标准 K 值 W/($m^2 \cdot K$)					模拟采用的 K 值 W/($m^2 \cdot K$)				
		哈尔滨	北京	上海	香港	昆明	哈尔滨	北京	上海	香港	昆明
屋面		0.28	0.45	0.5	0.8	0.8	0.28	0.45	0.5	0.8	0.8
外墙		0.38	0.50	0.8	1.5	1.5	0.38	0.50	0.8	1.45	1.5
楼板		0.38	0.50	0.7	1.5	1.5	0.35	0.49	0.65	1.47	1.5
隔墙		1.2	1.5	—	—	—	1.17	1.47	1.47	1.99	1.99
外窗	K 值	1.9	2.2	2.4	2.7	2.7	1.9	2.19	2.4	2.7	2.7
	太阳得热系数	—	0.43	0.35	0.35	0.35	0.64	0.43	0.35	0.35	0.35

3.4　室内热扰参数

室内热扰参数主要包括人员、照明和设备负荷和建筑新风量。在基准模型中,不同使用空间的室内人员密度、照明密度参照《公共建筑节能设计标准》GB 50189—2015中表B.0.4-3、表B.0.4-5、表B.0.4-7和表B.0.4-9确定标准(表42)。

基准模型的室内热扰参数　　　　　　　　　　表42

	照明密度 (W/m^2)	设备负荷 (W/m^2)	人均新风量 (m^3/h · p)	人员密度 (m^2/p)
机械设备室	4.0	0	0	0
储藏室	4	0	0	0
卫生间	4.0	0	12ach	0
楼梯间	4.0	0	0	0
停车场	6.0	0	6ach	0
会议室	9.0	5	20	2.5
服务间	11.0	0	20	20
大厅	9.0	0	20	20
办公室	9.0	15	30	10
打印室	16.0	15	0	0
阅读室	9.0	5	30	10
档案室	5.0	0	0	0
走廊	4.0	0	20	50
活动室	1.0	5	30	20

办公建筑的环境能源效率优化设计

A Design Guideline and Operation Handbook for Environment-Energy Efficiency Opimization on Government Owned Office Buildings

四、模拟结果分析

4.1 各个平面形式在不同气候区

如表 43 所示，根据从基准模型到五个平面形式的过渡变化，可以看出随着被动区比例的逐步增大，不同平面形式建筑在不同气候区城市的建筑负荷不同，但整体趋势为，在模拟的六种平面形式中，随着被动区面积比例增加，建筑物总负荷均呈现先降后升的基本趋势。

六种平面形式在不同气候区的模拟结果 　　　表 43

Basecase	代表城市	供暖负荷	制冷负荷	总负荷
体形系数	哈尔滨	46.583	42.099	88.682
0.161	北京	22.149	42.191	64.340
被动区面积比例	上海	11.084	41.493	52.578
0.490	香港	0.405	70.736	71.141
	昆明	4.770	23.353	28.122
case1	代表城市	供暖负荷	制冷负荷	总负荷
体形系数	哈尔滨	46.087	42.174	88.260
0.163	北京	22.086	42.198	64.284
被动区面积比例	上海	11.228	41.516	52.744
0.500	香港	0.425	70.935	71.360
	昆明	4.862	23.191	28.053
case2	代表城市	供暖负荷	制冷负荷	总负荷
体形系数	哈尔滨	45.621	42.612	88.233
0.171	北京	22.244	42.091	64.335
被动区面积比例	上海	11.591	41.249	52.839
0.539	香港	0.480	70.730	71.210
	昆明	5.094	22.793	27.887
case3	代表城市	供暖负荷	制冷负荷	总负荷
体形系数	哈尔滨	46.614	44.326	90.941
0.179	北京	23.082	43.231	66.313
被动区面积比例	上海	12.279	42.196	54.475
0.588	香港	0.478	70.715	71.194
	昆明	5.166	22.435	27.601
case4	代表城市	供暖负荷	制冷负荷	总负荷
体形系数	哈尔滨	46.866	45.563	92.429
0.190	北京	23.693	43.601	67.293
被动区面积比例	上海	12.929	42.283	55.212
0.640	香港	0.560	71.076	71.636
	昆明	5.537	22.192	27.729
case5	代表城市	供暖负荷	制冷负荷	总负荷
体形系数	哈尔滨	47.536	47.145	94.681
0.202	北京	24.497	44.289	68.786
被动区面积比例	上海	13.675	42.675	56.350
0.696	香港	0.739	73.958	74.697
	昆明	6.314	22.873	29.187

4.2 同一气候区内的影响分析

4.2.1 严寒气候区（表 44、表 45）

严寒气候区典型平面负荷比较（一）　　表 44

哈尔滨	体形系数	被动区面积比例	供暖负荷	制冷负荷	总负荷
Basecase	0.161	0.49	46.583	42.099	88.682
case1	0.163	0.500	46.087	42.174	88.260
case2	0.171	0.539	45.621	42.612	88.233
case3	0.179	0.588	46.614	44.326	90.941
case4	0.190	0.640	46.866	45.563	92.429
case5	0.202	0.696	47.536	47.145	94.681

严寒气候区典型平面负荷比较（二）　　表 45

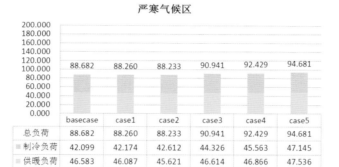

	basecase	case1	case2	case3	case4	case5
总负荷	88.682	88.260	88.233	90.941	92.429	94.681
制冷负荷	42.099	42.174	42.612	44.326	45.563	47.145
供暖负荷	46.583	46.087	45.621	46.614	46.866	47.536

总负荷最低点出现在被动区比例 54% 的工况。

4.2.2 寒冷气候区（表 46、表 47）

寒冷气候区典型平面负荷比较（一）　　表 46

北京	体形系数	被动区面积比例	供暖负荷	制冷负荷	总负荷
Basecase	0.161	0.49	22.149	42.191	64.340
case1	0.163	0.500	22.086	42.198	64.284
case2	0.171	0.539	22.244	42.091	64.335
case3	0.179	0.588	23.082	43.231	66.313
case4	0.190	0.640	23.693	43.601	67.293
case5	0.202	0.696	24.497	44.289	68.786

办公建筑的环境能源效率优化设计

A Design Guideline and Operation Handbook for Environment-Energy Efficiency Opimization on Government Owned Office Buildings

寒冷气候区典型平面负荷比较（二）　　表 47

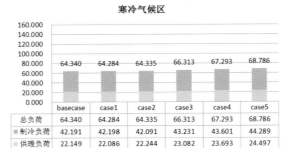

总负荷最低点出现在被动区比例 50% 的工况。

4.2.3　夏热冬冷气候区（表 48、表 49）

夏热冬冷气候区典型平面负荷比较（一）　　　　　　表 48

上海	体形系数	被动区面积比例	供暖负荷	制冷负荷	总负荷
Basecase	0.161	0.49	11.084	41.493	52.578
case1	0.163	0.500	11.228	41.516	52.744
case2	0.171	0.539	11.591	41.249	52.839
case3	0.179	0.588	12.279	42.196	54.475
case4	0.190	0.640	12.929	42.283	55.212
case5	0.202	0.696	13.675	42.675	56.350

夏热冬冷气候区典型平面负荷比较（二）　　　　表 49

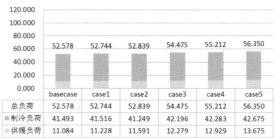

总负荷最低点出现在被动区比例 50% 以下的工况。

4.2.4 夏热冬暖气候区（表50、表51）

夏热冬暖气候区典型平面负荷比较（一）   表50

香港	体形系数	被动区面积比例	供暖负荷	制冷负荷	总负荷
Basecase	0.161	0.49	0.405	70.736	71.141
case1	0.163	0.500	0.425	70.935	71.360
case2	0.171	0.539	0.480	70.730	71.210
case3	0.179	0.588	0.478	70.715	71.194
case4	0.190	0.640	0.560	71.076	71.636
case5	0.202	0.696	0.739	73.958	74.697

夏热冬暖气候区典型平面负荷比较（二）   表51

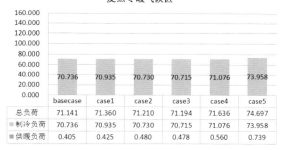

总负荷最低点出现在被动区比例50%以下的工况。

4.2.5 温和气候区（表52、表53）

温和气候区典型平面负荷比较（一）   表52

昆明	体形系数	被动区面积比例	供暖负荷	制冷负荷	总负荷
Basecase	0.161	0.49	4.770	23.353	28.122
case1	0.163	0.500	4.862	23.191	28.053
case2	0.171	0.539	5.094	22.793	27.887
case3	0.179	0.588	5.166	22.435	27.601
case4	0.190	0.640	5.537	22.192	27.729
case5	0.202	0.696	6.314	22.873	29.187

办公建筑的环境能源效率优化设计

A Design Guideline and Operation Handbook for Environment-Energy Efficiency Opimization on Government Owned Office Buildings

温和气候区典型平面负荷比较（二）　　　表53

温和气候区

	basecase	case1	case2	case3	case4	case5
总负荷	28.122	28.053	27.887	27.601	27.729	29.187
制冷负荷	23.353	23.191	22.793	22.435	22.192	22.873
供暖负荷	4.770	4.862	5.094	5.166	5.537	6.314

总负荷最低点出现在被动区比例 60% 的工况。

4.3　围护结构性能因子对被动区占比与冷热负荷关联性的影响

将围护结构性能作为敏感度影响因子，通过比对分析，进一步判断被动区占比与建筑冷热负荷的相关性，以及最佳被动区占比推荐范围。本研究所设定的围护结构性能因子变化工况见表54。

不同气候区围护结构性能设定值　　　　表54

气候区	围护结构部位	Basecase	性能提升 10%	性能提升 20%
严寒	屋面	0.28	0.25	0.22
	外墙（包括非透光幕墙）	0.38	0.34	0.30
	外窗	1.9	1.7	1.5
寒冷	屋面	0.45	0.41	0.36
	外墙（包括非透光幕墙）	0.50	0.45	0.40
	外窗	2.2/0.43	2.0/0.39	1.8/0.34
夏热冬冷	屋面	0.5	0.45	0.40
	外墙（包括非透光幕墙）	0.8	0.72	0.64
	外窗	2.4/0.35	2.2/0.32	1.9/0.28
夏热冬暖	屋面	0.8	0.72	0.64
	外墙（包括非透光幕墙）	1.45	1.31	1.16
	外窗	2.7/0.35	2.4/0.32	2.1/0.28
温和	屋面	0.8	0.72	0.64
	外墙（包括非透光幕墙）	1.45	1.31	1.16
	外窗	2.7/0.35	2.4/0.32	2.1/0.28

4.3.1 严寒气候区（表 55～表 57）

严寒气候区围护结构基准性能工况下的被动区比例与负荷关联性分析 表 55

基准性能工况

	basecase	case1	case2	case3	case4	case5
	88.682	88.260	88.233	90.941	92.429	94.681
总负荷	88.682	88.260	88.233	90.941	92.429	94.681
制冷负荷	42.099	42.174	42.612	44.326	45.563	47.145
供暖负荷	46.583	46.087	45.621	46.614	46.866	47.536

总负荷最低点出现在被动区比例 54% 的工况。

严寒气候区围护结构性能提升 10% 工况下的被动区比例与负荷关联性分析 表 56

性能提升幅度 10% 工况

	basecase	case1	case2	case3	case4	case5
	69.524	69.516	69.560	72.628	73.847	75.225
总负荷	69.524	69.516	69.560	72.628	73.847	75.225
制冷负荷	49.383	49.802	49.950	52.424	53.406	54.076
供暖负荷	20.140	19.714	19.611	20.204	20.440	21.149

总负荷最低点出现在被动区比例 50% 的工况。

办公建筑的环境能源效率优化设计

A Design Guideline and Operation Handbook for Environment-Energy Efficiency Opimization on Government Owned Office Buildings

严寒气候区围护结构性能提升 20% 工况下的被动区比例与负荷关联性分析 表 57

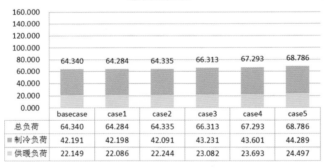

性能提升幅度20%工况

	basecase	case1	case2	case3	case4	case5
总负荷	69.990	68.771	68.851	71.949	73.712	74.740
■制冷负荷	48.588	51.541	51.812	54.477	55.691	56.222
▨供暖负荷	21.401	17.230	17.040	17.472	18.021	18.518

总负荷最低点出现在被动区比例 50% 的工况。

4.3.2　寒冷气候区（表 58～表 60）

寒冷气候区围护结构基准性能工况下的被动区比例与负荷关联性分析　　表 58

基准性能工况

	basecase	case1	case2	case3	case4	case5
总负荷	64.340	64.284	64.335	66.313	67.293	68.786
■制冷负荷	42.191	42.198	42.091	43.231	43.601	44.289
▨供暖负荷	22.149	22.086	22.244	23.082	23.693	24.497

总负荷最低点出现在被动区比例 50% 的工况。

寒冷气候区围护结构性能提升 10% 工况下的被动区比例与负荷关联性分析 表 59

性能提升幅度10%工况

	basecase	case1	case2	case3	case4	case5
总负荷	53.776	53.858	53.852	55.697	57.200	57.200
制冷负荷	43.045	43.113	42.769	43.933	45.020	45.020
供暖负荷	10.732	10.745	11.083	11.764	12.180	12.180

总负荷最低点出现在被动区比例 50% 以下的工况。

寒冷气候区围护结构性能提升 20% 工况下的被动区比例与负荷关联性分析 表 60

性能提升幅度20%工况

	basecase	case1	case2	case3	case4	case5
总负荷	69.990	68.771	68.851	71.949	73.712	74.740
制冷负荷	48.588	51.541	51.812	54.477	55.691	56.222
供暖负荷	21.401	17.230	17.040	17.472	18.021	18.518

总负荷最低点出现在被动区比例 50% 的工况。

办公建筑的环境能源效率优化设计

A Design Guideline and Operation Handbook for Environment-Energy Efficiency Opimization on Government Owned Office Buildings

4.3.3　夏热冬冷气候区（表61～表63）

夏热冬冷气候区围护结构基准性能工况下的被动区比例与负荷关联性分析　表61

基准性能工况

	basecase	case1	case2	case3	case4	case5
总负荷	52.578	52.744	52.839	54.475	55.212	56.350
制冷负荷	41.493	41.516	41.249	42.196	42.283	42.675
供暖负荷	11.084	11.228	11.591	12.279	12.929	13.675

总负荷最低点出现在被动区比例50%以下的工况。

夏热冬冷气候区围护结构性能提升10%工况下的被动区比例与负荷关联性分析　表62

性能提升幅度10%工况

	basecase	case1	case2	case3	case4	case5
总负荷	47.344	48.486	47.372	48.723	50.012	50.177
制冷负荷	42.631	44.764	42.248	43.146	44.235	44.325
供暖负荷	4.713	3.722	5.124	5.577	5.777	5.852

总负荷最低点出现在被动区比例50%以下的工况。

夏热冬冷气候区围护结构性能提升 20% 工况下的被动区比例与负荷关联性分析　表 63

性能提升幅度20%工况

	basecase	case1	case2	case3	case4	case5
总负荷	46.289	46.449	46.244	47.510	48.672	49.700
制冷负荷	42.164	42.229	41.752	42.617	43.507	44.504
供暖负荷	4.125	4.220	4.492	4.893	5.165	5.196

总负荷最低点出现在被动区比例 54% 的工况。

4.3.4　夏热冬暖地区（表 64～表 66）

夏热冬暖气候区围护结构基准性能工况下的被动区比例与负荷关联性分析　表 64

基准性能工况

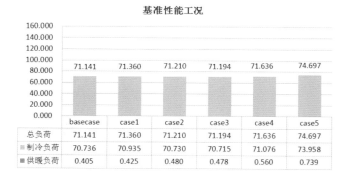

	basecase	case1	case2	case3	case4	case5
总负荷	71.141	71.360	71.210	71.194	71.636	74.697
制冷负荷	70.736	70.935	70.730	70.715	71.076	73.958
供暖负荷	0.405	0.425	0.480	0.478	0.560	0.739

总负荷最低点出现在被动区比例 50% 以下的工况。

办公建筑的环境能源效率优化设计

A Design Guideline and Operation Handbook for Environment-Energy Efficiency Opimization on Government Owned Office Buildings

夏热冬暖气候区围护结构性能提升 10% 工况下的被动区比例与负荷关联性分析　　表 65

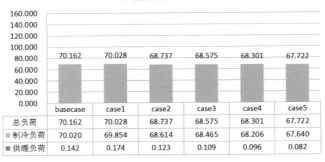

	basecase	case1	case2	case3	case4	case5
总负荷	70.162	70.028	68.737	68.575	68.301	67.722
制冷负荷	70.020	69.854	68.614	68.465	68.206	67.640
供暖负荷	0.142	0.174	0.123	0.109	0.096	0.082

总负荷最低点出现在被动区比例 70% 的工况。

夏热冬暖气候区围护结构性能提升 20% 工况下的被动区比例与负荷关联性分析　　表 66

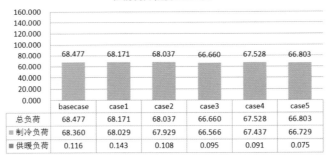

	basecase	case1	case2	case3	case4	case5
总负荷	68.477	68.171	68.037	66.660	67.528	66.803
制冷负荷	68.360	68.029	67.929	66.566	67.437	66.729
供暖负荷	0.116	0.143	0.108	0.095	0.091	0.075

总负荷最低点出现在被动区比例 60% 的工况。

4.3.5 温和气候区（表67～表69）

温和气候区围护结构基准性能工况下的被动区比例与负荷关联性分析　　表67

基准性能工况

	basecase	case1	case2	case3	case4	case5
总负荷	28.122	28.053	27.887	27.601	27.729	29.187
制冷负荷	23.353	23.191	22.793	22.435	22.192	22.873
供暖负荷	4.770	4.862	5.094	5.166	5.537	6.314

总负荷最低点出现在被动区比例60%的工况。

温和气候区围护结构性能提升10%工况下的被动区比例与负荷关联性分析　　表68

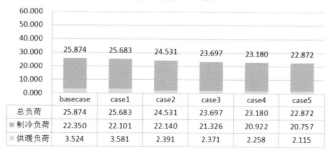

性能提升幅度10%工况

	basecase	case1	case2	case3	case4	case5
总负荷	25.874	25.683	24.531	23.697	23.180	22.872
制冷负荷	22.350	22.101	22.140	21.326	20.922	20.757
供暖负荷	3.524	3.581	2.391	2.371	2.258	2.115

总负荷最低点出现在被动区比例70%的工况。

办公建筑的环境能源效率优化设计

A Design Guideline and Operation Handbook for Environment-Energy Efficiency Opimization on Government Owned Office Buildings

温和气候区围护结构性能提升 20% 工况下的被动区比例与负荷关联性分析　表 69

性能提升幅度20%工况

	basecase	case1	case2	case3	case4	case5
总负荷	22.055	23.619	23.626	22.115	21.908	24.592
制冷负荷	20.088	21.600	21.450	20.035	19.814	22.620
供暖负荷	1.967	2.020	2.176	2.080	2.094	1.971

总负荷最低点出现在被动区比例 64% 的工况。

4.3.6　结论

1. 通过 IES-VE 软件模拟结果可知，以被动区占比 50% 为起点，随着被动区占比的增加，建筑物总负荷呈现先降后升的波动性变化。

2. 分析显示：夏热冬冷地区，被动区面积最佳比例的绝对值最低，严寒、寒冷地区次之，夏热冬暖及温和地区，更高的被动区比例有利于降低建筑物的冷热总负荷。

4.4　窗墙比因子对被动区占比与冷热负荷关联性的影响

为了进一步分析围护结构特征对"被动区占比与建筑冷热负荷的相关性"的影响，本研究针对窗墙比分别为 0.4、0.5、0.6 三种公共建筑常见工况下，不同被动区比例在各气候区中，对建筑冷热负荷的影响进行了分析。

4.4.1　严寒气候区（表 70、表 71）

随着窗墙比的提高，建筑物总负荷增大，不同窗墙比条件下的最佳被动区比例基本稳定在 50% ～ 55% 区间。

严寒气候区窗墙比因子影响度分析表（一）　　　　　表 70

哈尔滨	体形系数	被动区面积比例	窗墙比	供暖负荷	制冷负荷	总负荷
Basecase	0.161	0.490	0.400	40.730	29.395	70.125
			0.500	46.583	42.099	88.682
			0.600	47.718	45.471	93.189
case1	0.163	0.500	0.400	40.426	32.526	72.952
			0.500	46.087	42.174	88.260
			0.600	47.236	46.459	93.694
case2	0.171	0.539	0.400	40.269	33.774	74.043
			0.500	45.621	42.612	88.233
			0.600	48.232	43.887	92.119
case3	0.179	0.588	0.400	45.219	34.551	79.770
			0.500	46.614	44.326	90.941
			0.600	49.253	45.230	94.483
case4	0.190	0.640	0.400	46.115	35.790	81.905
			0.500	46.866	45.563	92.429
			0.600	49.563	46.416	95.979
case5	0.202	0.696	0.400	47.012	36.789	83.801
			0.500	47.536	47.145	94.681
			0.600	48.638	47.123	95.761

严寒气候区窗墙比因子影响度分析表（二）　　　　　表 71

严寒气候区（窗墙比&冷热负荷&被动区面积比例）

	0.400	0.500	0.600	0.400	0.500	0.600	0.400	0.500	0.600	0.400	0.500	0.600	0.400	0.500	0.600	0.400	0.500	0.600
		0.490			0.500			0.539			0.588			0.640			0.696	
制冷负荷	29.	42.	45.	32.	42.	46.	33.	42.	43.	34.	44.	45.	35.	45.	46.	36.	47.	47.
供暖负荷	40.	46.	47.	40.	46.	47.	40.	48.	45.	46.	49.	46.	46.	49.	47.	47.	48.	

办公建筑的环境能源效率优化设计

A Design Guideline and Operation Handbook for Environment-Energy Efficiency Opimization on Government Owned Office Buildings

4.4.2 寒冷气候区（表72、表73）

随着窗墙比的提高，建筑物总负荷增大，不同窗墙比条件下的最佳被动区比例基本稳定在50%左右。

寒冷气候区窗墙比因子影响度分析表（一）　　　　表72

北京	体形系数	被动区面积比例	窗墙比	供暖负荷	制冷负荷	总负荷
Basecase	0.161	0.490	0.400	21.554	40.100	61.654
			0.500	22.149	42.191	64.340
			0.600	22.897	43.568	66.465
case1	0.163	0.500	0.400	21.789	40.102	61.891
			0.500	22.086	42.198	64.284
			0.600	22.884	44.325	67.209
case2	0.171	0.539	0.400	21.756	41.588	63.344
			0.500	22.244	42.091	64.335
			0.600	23.566	45.079	68.645
case3	0.179	0.588	0.400	21.554	42.871	64.425
			0.500	23.082	43.231	66.313
			0.600	23.894	46.777	70.671
case4	0.190	0.640	0.400	21.887	42.948	64.835
			0.500	23.693	43.601	67.293
			0.600	24.897	47.123	72.020
case5	0.202	0.696	0.400	22.423	43.024	65.447
			0.500	24.497	44.289	68.786
			0.600	24.888	49.005	73.893

寒冷气候区窗墙比因子影响度分析表（二）　　　　表73

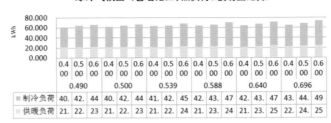

寒冷气候区（窗墙比&冷热负荷&被动区比例）

4.4.3 夏热冬冷气候区（表74、表75）

随着窗墙比的提高，建筑物总负荷增大，不同窗墙比条件下的最佳被动区比例基本稳定在45% ～ 50% 区间。

夏热冬冷气候区窗墙比因子影响度分析表（一）　　　表74

上海	体形系数	被动区面积比例	窗墙比	供暖负荷	制冷负荷	总负荷
Basecase	0.161	0.490	0.400	11.022	40.235	51.257
			0.500	11.084	41.493	52.578
			0.600	12.184	42.456	54.640
case1	0.163	0.500	0.400	11.211	40.568	51.779
			0.500	11.228	41.516	52.744
			0.600	12.568	42.799	55.367
case2	0.171	0.539	0.400	11.328	40.599	51.927
			0.500	11.591	41.249	52.839
			0.600	12.798	42.9	55.698
case3	0.179	0.588	0.400	11.369	40.963	52.332
			0.500	12.279	42.196	54.475
			0.600	13.668	43.598	57.266
case4	0.190	0.640	0.400	11.774	41.824	53.598
			0.500	12.929	42.283	55.212
			0.600	13.998	44.775	58.773
case5	0.202	0.696	0.400	11.913	41.989	53.902
			0.500	13.675	42.675	56.350
			0.600	14.012	44.976	58.988

夏热冬冷气候区窗墙比因子影响度分析表（二）　　　表75

夏热冬冷气候区（窗墙比&冷热负荷&被动区比例）

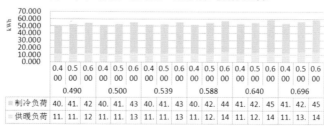

办公建筑的环境能源效率优化设计

A Design Guideline and Operation Handbook for Environment-Energy Efficiency Opimization on Government Owned Office Buildings

4.4.4 夏热冬暖气候区（表76、表77）

随着窗墙比的提高，建筑物总负荷增大，不同窗墙比条件下的最佳被动区比例基本稳定在50% ～ 60% 区间。

夏热冬暖气候区窗墙比因子影响度分析表（一）　　　表76

香港	体形系数	被动区面积比例	窗墙比	供暖负荷	制冷负荷	总负荷
Basecase	0.161	0.490	0.400	0.399	64.789	65.188
			0.500	0.405	70.736	71.141
			0.600	0.425	74.568	74.993
case1	0.163	0.500	0.400	0.412	65.668	66.080
			0.500	0.425	70.935	71.360
			0.600	0.435	73.897	74.332
case2	0.171	0.539	0.400	0.446	66.787	67.233
			0.500	0.480	70.730	71.210
			0.600	0.492	73.999	74.491
case3	0.179	0.588	0.400	0.458	66.994	67.452
			0.500	0.478	70.715	71.194
			0.600	0.495	74.0123	74.507
case4	0.190	0.640	0.400	0.466	67.002	67.468
			0.500	0.560	71.076	71.636
			0.600	0.576	73.887	74.463
case5	0.202	0.696	0.400	0.498	67.123	67.621
			0.500	0.739	73.958	74.697
			0.600	0.751	76.441	77.192

夏热冬暖气候区窗墙比因子影响度分析表（二）　　表77

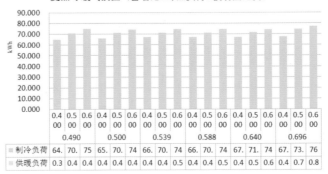

夏热冬暖气候区（窗墙比&冷热负荷&被动区比例）

4.4.5 温和气候区（表78、表79）

随着窗墙比的提高，建筑物总负荷增大，不同窗墙比条件下的最佳被动区比例基本稳定在50% ～ 60% 区间。

温和气候区窗墙比因子影响度分析表（一）　　　　　表78

昆明	体形系数	被动区面积比例	窗墙比	供暖负荷	制冷负荷	总负荷
Basecase	0.161	0.490	0.400	4.552	22.123	26.675
			0.500	4.770	23.353	28.122
			0.600	4.79	24.124	28.914
case1	0.163	0.500	0.400	4.645	22.256	26.901
			0.500	4.862	23.191	28.053
			0.600	4.814	25.211	30.025
case2	0.171	0.539	0.400	4.748	22.489	27.237
			0.500	5.094	22.793	27.887
			0.600	5.124	25.444	30.568
case3	0.179	0.588	0.400	4.887	22.499	27.386
			0.500	5.166	22.435	27.601
			0.600	5.214	25.678	30.892
case4	0.190	0.640	0.400	4.807	22.678	27.485
			0.500	5.537	22.192	27.729
			0.600	5.456	25.991	31.447
case5	0.202	0.696	0.400	5.124	22.889	28.013
			0.500	6.314	22.873	29.187
			0.600	6.345	26.441	32.786

温和气候区窗墙比因子影响度分析表（二）　　　　　表79

温和气候区（窗墙比&冷热负荷&被动区比例）

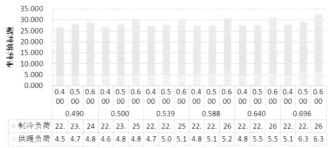

办公建筑的环境能源效率优化设计

A Design Guideline and Operation Handbook for Environment-Energy Efficiency Opimization on Government Owned Office Buildings

4.4.6　结论

在五个气候区，随着窗墙比的提高，建筑物总负荷增大，不同窗墙比条件下的最佳被动区比例基本稳定。

五、综合分析结论

综合以上模拟分析，可以得出有关最佳被动区占比的基本结论如下：

1、由于被动区占比变化与建筑空间冷热负荷不存在稳定的正相关关系，因此，不能简单通过被动区占比的高低，去判断是否有利于建筑的节能；

2、不同气候区对应不同的最佳被动区占比范围要求；

3、随着围护结构热工性能的提高，最佳被动区占比取值趋大；

4、窗墙比对于建筑物总负荷会产生显著影响，但对于最佳被动区占比的影响不大。

因此，公共机构办公建筑应采用在最佳"被动区"占比区间内的建筑平面形式，根据不同的地区的气候特点，其最佳"被动区"占比见表80。

不同气候地区的最佳"被动区"占比	表 80
	最佳被动区占比区间
严寒地区	50% ～ 55%
寒冷地区	50% ～ 55%
夏热冬冷地区	45% ～ 50%
夏热冬暖地区	55% ～ 70%
温和地区	60% ～ 70%

附录2：公共机构办公建筑环境品质影响因子关联性调查问卷及其分析

一、调研问卷

尊敬的专家：

您好！非常感谢您在百忙之中协助我们完成问卷调研。

为完成科技部"十二五"科技支撑计划课题"公共机构环境能源效率综合提升适宜技术研究与应用示范"（2013BAJ15B01）课题研究，课题组基于前期研究，初步总结整理了影响公共机构（以办公建筑为例）环境性能—环境品质的若干关键影响因子。为了了解办公建筑使用者对于办公环境舒适性、健康性的主观感受，与这些关键影响因子之间的关联关系，以确定因子的重要性排序，我们设计了如下调查表格，并很荣幸邀请您参与调研。

本次调查问卷需要您对指标的重要性、指标与办公环境舒适性、健康性的关联度进行判断，如您觉得指标或措施仍需增加，请在需要"补充增加"栏目中填写。

重要性或关联度判断共分为5级，其中："2"代表"非常重要"或"强直接关联"，"1"代表"重要"或"较强直接关联"，"0"代表"重要性一般"或"直接关联度较弱"，"-1"代表"不重要"或"间接关联"，"-2"代表"非常不重要"或"无关联"。请根据您专业经验进行判断，并在选择的栏目中以"○"标注。

您的回答将对我们完善相关研究至关重要，请您对问卷中的问题仔细斟酌后作答，如您觉得问卷有歧义，请及时联系课题组叶琳琳（18811473355，115669393@qq.com）。如您在某处空缺，请务必在空白处说明原因。

感谢您的支持！

"公共机构环境能源效率综合提升适宜技术研究与应用示范"课题组

2016年4月

办公建筑的环境能源效率优化设计

A Design Guideline and Operation Handbook for Environment-Energy Efficiency Opimization on Government Owned Office Buildings

1. 基本信息

您的性别：

□ 男　　□ 女

您的年龄：

□ 20 以下　　□ 20-30　　□ 30-40　　□ 40-50　　□ 50-60　　□ 60 以上

您所在城市：

您从事的行业：

2. 指标关联调研表（表 81）

您认为影响办公环境舒适性和健康度的重要影响因子还有哪些？

指标关联调研表   表 81

类别	序号	指标	指标重要性					备注
			-2	-1	0	1	2	
室外环境	热环境	充分的日照						
		较高的绿地率						
		室外场地遮荫						
	风环境	较低的场地建筑密度						
		有利于自然通风的建筑布局						
		设置景观挡风措施						
	声环境	远离繁忙的交通道路或其他噪声源						
		通过树木或挡墙遮挡交通、施工、厂房等噪声						
	人文环境	多采用当地的自然材料						
		尽量种植本地植被						
		室外空间对社会公众开放						
室内环境	热环境	更多的自然采光						
		更多的自然通风						
		空调或采暖系统调节方便						
	光环境	白天能尽量不开灯办公						
		日常办公能方便看到室外						
		照明灯具不产生眩光						
	室内空气品质	办公室能经常开窗通风						
		办公室空调系统能过滤 PM2.5 和甲醛						
		打印/复印机设在单独房间						
	声环境	办公过程不受室外交通噪声影响						
		办公过程不受空调等设备噪声影响						
		大会议室等大空间需进行声学设计						
服务质量	适宜规模	适宜大小的工位面积						您觉得单人工位使用面积多大比较理想?
		一定的公共休息会面区域						您认为除了门厅,是否有必要每层都需要设置公共休息会面需要?
	便捷联系	长度适宜的走廊						您认为从电梯/楼梯出来后,到您办公桌的最远距离不应超过多少米?
		足够的电梯数量						您觉得办公楼电梯高峰期不够用是必然的吗?
	使用灵活	办公室长宽比便于灵活布置的						
		不同办公室之间采用便于拆卸的灵活隔断						
		适合的办公室高度						您觉得办公室净高多少比较理想?

办公建筑的环境能源效率优化设计

A Design Guideline and Operation Handbook for Environment-Energy Efficiency Opimization on Government Owned Office Buildings

二、 办公建筑环境品质影响因子关联性调查（德菲尔法-专家）

第1题 对室外热环境（冬暖夏凉）指标的重要性或关联度的判断（表82、图111）。

该矩阵题平均分：4.09

室外热环境重要性得分   表82

题目＼选项	1	2	3	4	5	平均分
冬季满足舒适性的充分的日照	1（6.67%）	1（6.67%）	0（0%）	4（26.67%）	9（60%）	4.27
夏季可降低热岛效应的较高的绿地率	0（0%）	2（13.33%）	1（6.67%）	6（40%）	6（40%）	4.07
夏季可降低热岛效应的室外场地遮荫	1（6.67%）	1（6.67%）	1（6.67%）	7（46.67%）	5（33.33%）	3.93

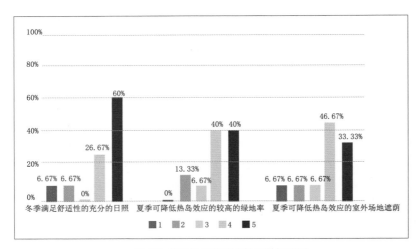

图111 室外热环境重要性评价柱状图

第 2 题 对室外风环境指标的重要性或关联度的判断（表 83、图 112）。

该矩阵题平均分：3.56

室外风环境重要性得分 表 83

题目\选项	1	2	3	4	5	平均分
较低的场地建筑密度	1（6.67%）	1（6.67%）	8(53.33%)	4(26.67%)	1(6.67%)	3.2
有利于自然通风的建筑布局	1(6.67%)	1(6.67%)	1(6.67%)	8(53.33%)	4(26.67%)	3.87
设置景观挡风措施	0(0%)	2(13.33%)	4(26.67%)	7(46.67%)	2(13.33%)	3.6

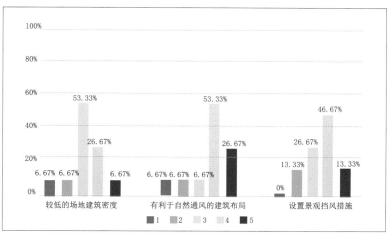

图 112 室外风环境重要性评价柱状图

办公建筑的环境能源效率优化设计

A Design Guideline and Operation Handbook for Environment-Energy Efficiency Opimization on Government Owned Office Buildings

第 3 题 对室外声环境指标的重要性或关联度的判断（表 84、图 113）。

该矩阵题平均分：3.57

<table>
<tr><td colspan="7" align="center">室外声环境重要性得分</td><td>表 84</td></tr>
<tr><td>题目＼选项</td><td>1</td><td>2</td><td>3</td><td>4</td><td>5</td><td>平均分</td></tr>
<tr><td>远离繁忙的交通道路或其他噪声源</td><td>2（13.33%）</td><td>0（0%）</td><td>0（0%）</td><td>7（46.67%）</td><td>6（40%）</td><td>4</td></tr>
<tr><td>通过树木或挡墙遮挡交通、施工、厂房等噪声</td><td>0（0%）</td><td>4（26.67%）</td><td>6（40%）</td><td>4（26.67%）</td><td>1（6.67%）</td><td>3.13</td></tr>
</table>

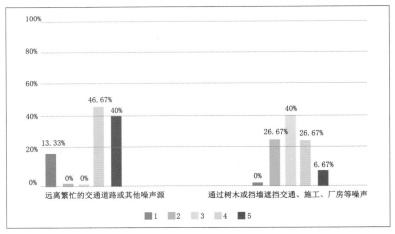

图 113 室外声环境重要性评价柱状图

第 4 题 对室外人文环境指标的重要性或关联度的判断（表 85、图 114）。

该矩阵题平均分：3.73

室外人文环境重要性得分

表 85

题目＼选项	1	2	3	4	5	平均分
多采用当地的自然材料	1(6.67%)	1(6.67%)	2(13.33%)	7(46.67%)	4(26.67%)	3.8
尽量种植本地植被	1(6.67%)	1(6.67%)	5(33.33%)	6(40%)	2(13.33%)	3.47
室外空间对社会公众开放	0(0%)	1(6.67%)	2(13.33%)	9(60%)	3(20%)	3.93

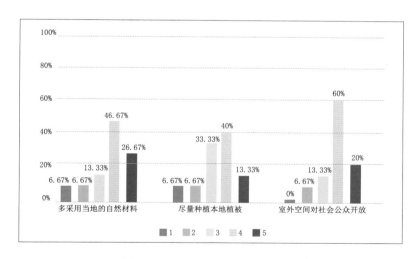

图 114 室外人文环境重要性评价柱状图

办公建筑的环境能源效率优化设计

A Design Guideline and Operation Handbook for Environment-Energy Efficiency Opimization on Government Owned Office Buildings

第 5 题 对室内热环境指标的重要性或关联度的判断（表 86、图 115）。

该矩阵题平均分：3.89

						表 86
室内热环境重要性得分						
题目 \ 选项	1	2	3	4	5	平均分
良好的天然采光	1（6.67%）	1（6.67%）	2（13.33%）	7（46.67%）	4（26.67%）	3.8
良好的自然通风	2（13.33%）	0（0%）	0（0%）	7（46.67%）	6（40%）	4
空调或采暖系统调节方便	1（6.67%）	1（6.67%）	1（6.67%）	8（53.33%）	4（26.67%）	3.87

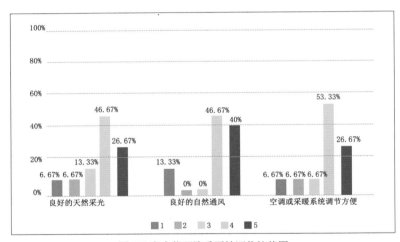

图 115 室内热环境重要性评价柱状图

第6题 对室内光环境指标的重要性或关联度的判断（表87、图116）。

该矩阵题平均分：3.8

室内光环境重要性得分
表87

题目＼选项	1	2	3	4	5	平均分
白天能尽量 不开灯办公	1(6.67%)	1(6.67%)	1(6.67%)	7(46.67%)	5(33.33%)	3.93
日常办公能方便 看到室外	1(6.67%)	1(6.67%)	4(26.67%)	7(46.67%)	2(13.33%)	3.53
照明灯具不产生 眩光	2(13.33%)	0(0%)	1(6.67%)	6(40%)	6(40%)	3.93

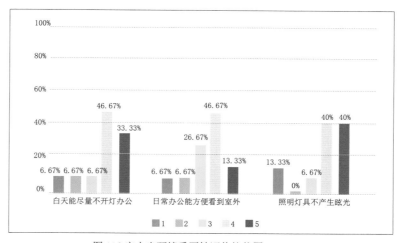

图116 室内光环境重要性评价柱状图

办公建筑的环境能源效率优化设计

A Design Guideline and Operation Handbook for Environment-Energy Efficiency Opimization on Government Owned Office Buildings

第 7 题 对室内空气品质指标的重要性或关联度的判断（表 88、图 117）。

该矩阵题平均分：3.87

室内空气品质指标重要性得分						表 88
题目 \ 选项	1	2	3	4	5	平均分
办公室能经常开窗通风	2(13.33%)	0(0%)	2(13.33%)	5(33.33%)	6(40%)	3.87
办公室空调系统能过滤 PM2.5 和甲醛	1(6.67%)	1(6.67%)	2(13.33%)	6(40%)	5(33.33%)	3.87
打印 / 复印机设在单独房间	1(6.67%)	0(0%)	4(26.67%)	5(33.33%)	5(33.33%)	3.87

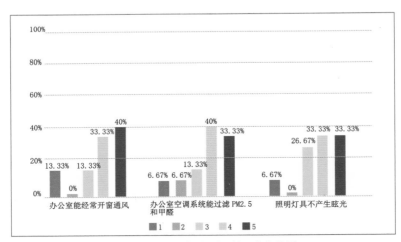

图 117 室内空气品质指标重要性评价柱状图

第 8 题 对室内声环境指标的重要性或关联度的判断（表 89、图 118）。

该矩阵题平均分：3.93

室内声环境重要性得分   表 89

题目＼选项	1	2	3	4	5	平均分
办公过程不受室外交通噪声影响	1(6.67%)	1(6.67%)	0(0%)	6(40%)	7(46.67%)	4.13
办公过程不受空调等设备噪声影响	1(6.67%)	1(6.67%)	1(6.67%)	7(46.67%)	5(33.33%)	3.93
大会议室等大空间需进行声学设计	2(13.33%)	0(0%)	2(13.33%)	7(46.67%)	4(26.67%)	3.73

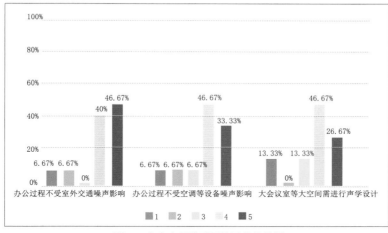

图 118 室内声环境重要性评价柱状图

办公建筑的环境能源效率优化设计

A Design Guideline and Operation Handbook for Environment-Energy Efficiency Opimization on Government Owned Office Buildings

第 9 题　对服务质量中适宜规模的指标的重要性或关联度的判断（表 90、图 119）。

该矩阵题平均分：4.03

适宜规模指标重要性得分　　　　　　　　　　　　　　　　表 90

题目＼选项	1	2	3	4	5	平均分
适宜大小的工位面积	1(6.67%)	1(6.67%)	1(6.67%)	5(33.33%)	7(46.67%)	4.07
一定的公共休息会面区域	1(6.67%)	1(6.67%)	0(0%)	8(53.33%)	5(33.33%)	4

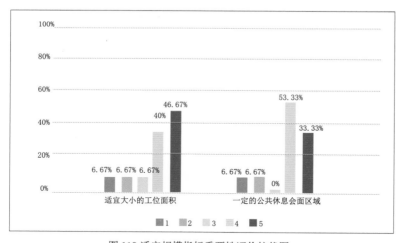

图 119 适宜规模指标重要性评价柱状图

第 10 题　您认为除了门厅，是否有需要每层都设置公共休息会面区域（表91、图120）。

公共休息会面区域重要性得分　　　　　　　　　　　　　　　　表91

	小计	比例
需要	13	86.67%
不需要	2	13.33%

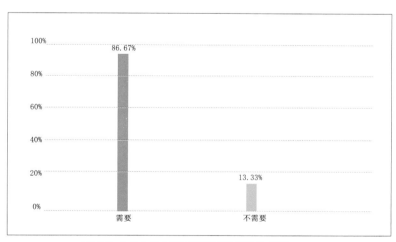

图120　公共休息会面区域重要性评价柱状图

办公建筑的环境能源效率优化设计

A Design Guideline and Operation Handbook for Environment-Energy Efficiency Opimization on Government Owned Office Buildings

第 11 题　对服务质量中便捷联系的指标的重要性或关联度的判断（表 92、图 121）。

该矩阵题平均分：3.93

表 92

便捷联系重要性得分

题目 \ 选项	1	2	3	4	5	平均分
长度适宜的走廊	1(6.67%)	1(6.67%)	0(0%)	9(60%)	4(26.67%)	3.93
足够的电梯数量	1(6.67%)	1(6.67%)	2(13.33%)	5(33.33%)	6(40%)	3.93

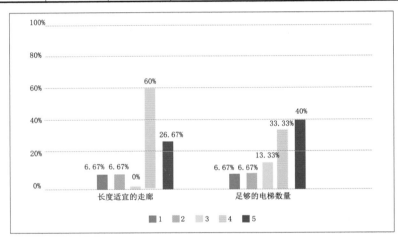

图 121　便捷联系重要性评价柱状图

第 12 题　您觉得办公楼电梯高峰期不够用是必然的吗（表 93）？

表 93

高峰期电梯够用与否的必然性判断

选项	小计	比例	
是	13		86.67%
不是	2		13.33%

第13题　对服务质量中使用灵活的指标的重要性或关联度的判断（表94、图122）。

该矩阵题平均分：3.84

使用灵活重要性得分

表94

题目＼选项	1	2	3	4	5	平均分
便于灵活布置的办公室	0(0%)	2(13.33%)	1(6.67%)	7(46.67%)	5(33.33%)	4
不同办公室之间采用便于拆卸的灵活隔断	0(0%)	2(13.33%)	2(13.33%)	8(53.33%)	3(20%)	3.8
适合的办公室高度	1(6.67%)	1(6.67%)	2(13.33%)	8(53.33%)	3(20%)	3.73

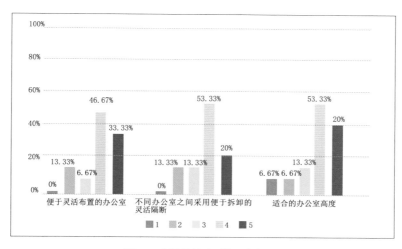

图122　使用灵活重要性评价柱状图

办公建筑的环境能源效率优化设计

A Design Guideline and Operation Handbook for Environment-Energy Efficiency Opimization on Government Owned Office Buildings

三、结论分析（表 95）

不同指标得分与权重设定　　　　　　　　　表 95

一级指标及权重		二级指标及权重		分项指标描述	分项得分统计
室外环境	0.33	Q1-1-1 阳光通道	0.10	冬季满足舒适性的充分的日照	0.10
		Q1-1-2 下垫面材料	0.10	夏季可降低热岛效应的较高的绿地率	0.10
		Q1-1-3 场地遮荫	0.10	夏季可降低热岛效应的室外场地遮荫	0.10
		Q1-2-1 总平面布局	0.08	较低的场地建筑密度	0.08
		Q1-2-2 建筑形态	0.09	有利于自然通风的建筑布局	0.09
		Q1-2-3 景观调节	0.09	设置景观挡风措施	0.09
		Q1-3-1 控制噪声源	0.10	远离繁忙的交通道路或其他噪声源	0.10
		Q1-3-2 设置声屏障	0.08	通过树木或挡墙遮挡交通、施工、厂房等噪声	0.08
		Q1-4 人文环境	0.27	多采用当地的自然材料	0.09
				尽量种植本地植被	0.08
				室外空间对社会公共开放	0.10
室内环境	0.34	Q2-1 室内热环境	0.25	良好的天然采光	0.08
				良好的自然通风	0.09
				空调或采暖系统调节方便	0.08
		Q2-2 室内光环境	0.25	白天能尽量不开灯办公	0.08
				日常办公能方便看到室外	0.08
				照明灯具不产生眩光	0.08
		Q2-3 室内空气质量	0.25	办公室能经常开窗通风	0.08
				办公室空调系统能过滤 PM2.5 和甲醛	0.08
				打印／复印机设在单独房间	0.08
		Q2-4 室内声环境	0.25	办公过程不受室外交通噪声影响	0.09
				办公过程不受空调等设备噪声影响	0.08
				大会议室等大空间需进行声学设计	0.08
服务质量	0.33	Q3-1-1 适宜的规模	0.15	适宜大小的工位面积	0.12
		Q3-1-2 高效的服务	0.35	一定的公共休息会面区域	0.12
				长度适宜的走廊	0.12
				足够的电梯数量	0.12
		Q3-2-1 模数协调	0.10	空间采用模数协调	0.10
		Q3-2-2 建筑层高	0.32	便于灵活布置的办公室	0.12
				不同办公室之间采用便于拆卸的灵活隔断	0.11
				适合的办公室高度	0.09
		Q3-2-3 设备可更新性	0.09	通过适当方式实现设备更新的便利性	0.09

附录3：项目交接时对设计方关于提升环境能源效率关键设计点的查验细则表（表96）

项目交接查验细则表 表96

序号	技术环节	查验细则	查验结果	是否需要整改	备注
1	冷却塔噪声是否达标	是否有周边人员投诉			
		冷却塔周边噪声实测值是否达标			
		是否有隔声围挡			
		若有围挡，它是否影响冷却塔正常通风			
2	各空调末端是否可方便进行温度设定	各处风机盘管开关是否可温度设定，是否动作正常			
		各空调机组的回风温度是否可远程设定			
		各新风机组的送风温度是否可远程设定			
3	新风量是否可灵活控制	各新风机组是否可配置作息时间表运行			
		各空调机组的新风阀是否动作正常			
		多功能厅、报告厅、大型会议室等人员密集房间是否设置 CO_2 监测装置			
		设备机房、复印/打印是否装设排风装置			
4	室内噪声控制	各空调机组房外的噪声实测值是否达标			
		办公室、会议室等的隔声效果测试			
5	大型设备通道	大型机电设备更换通道是否封闭			
		若通道封闭，是否可灵活开口			
6	空调系统主要设备的额定能效	冷水机组 COP 是否达标			
		冷冻水泵平均效率及是否达标			
		冷却水泵平均效率及是否达标			
		其他主要设备的能效情况			
7	空调系统节能技术采用情况	冷热源采用的主要节能技术，如冷水机组变频、冰蓄冷、水蓄冷、水源热泵、地源热泵等			
		是否温湿度独立控制			
		是否采用大温差设计			
		是否采用四管制			
		冷冻水系统是否变频及控制策略			
		冷却水系统是否变频及控制策略			
		冷却塔是否变频及控制策略			
		空调机组是否变频及控制策略			
		是否采用辐射型末端装置			
8	空调自动控制系统	是否实现空调系统的全自动运行、无人值守			
		冷水机组群控性能测试			
		冷冻水泵控制模块测试			
		冷却水泵控制模块测试			
		冷却塔控制模块测试			
		空调机组控制模块测试			
9	照明节能	是否采用节能灯具			
		公共区域照明是否设置实施分时分区控制系统			
		大空间、多功能、多场景场所的照明是否采用智能照明控制系统			
		公共区域的照明是否设置自动调光装置			
		公共区域的照明是否设置集中控制开关			
		公共区域的照明是否设置就地感应控制			
10	能源管理系统	是否实施对冷热源、空调系统、输配系统、照明等部分的分项能耗计量			
		是否有针对各大型能耗设备的单独计量（如各台冷水机组、各台水泵等）			

注：本表是根据《公共机构办公建筑环境能源效率优化设计导则》中相关条款制成，主要目的是查验对运行影响较大的各设计环节是否在施工过程中得到良好实现。

办公建筑的环境能源效率优化设计

A Design Guideline and Operation Handbook for Environment-Energy Efficiency Opimization on Government Owned Office Buildings

附录4：中央空调系统运行记录单（表97）

中央空调系统运行记录单   表97

时间	蒸发器				冷凝器				压缩机		同时开启的其他冷水机组编号
	供水温度	回水温度	蒸发温度	水流量	进水温度	出水温度	冷凝温度	水流量	负载率	实际功率	
	℃	℃	℃	m³/h	℃	℃	℃	m³/h	%	kW	
06:00											
07:00											
08:00											
09:00											
10:00											
11:00											
12:00											
13:00											
14:00											
15:00											
16:00											
17:00											
18:00											
19:00											
20:00											
21:00											

注：本表所列各项为各项目运行时至少应记录的内容，各项目可根据自身情况适当增加，并可调整表结构。

附录 5：项目交接时需至少接收的资料列表（表 98）

项目交接时需至少接收的资料列表

表 98

序号	资料名称		备注	是否已提供
1	项目各专业的竣工图		至少提供电子版	
2	冷水机组	使用说明书		
3		样本		
4		合格证		
5		售后服务联络方式		
6	冷冻水泵	样本	至少提供 1 份	
7		合格证		
8		售后服务联络方式		
9	冷却水泵	样本		
10		合格证		
11		售后服务联络方式		
12	冷却塔	样本		
13		合格证		
14		售后服务联络方式		
15	锅炉	使用说明书		
16		样本		
17		合格证		
18		售后服务联络方式		
19	控制系统	使用说明		
20		售后服务联络方式		

注：本表所列各项为运行方接收项目时至少应接收的资料，各项目可根据自身情况接收其他必要资料，参照本表结构填写接收记录。

办公建筑的环境能源效率优化设计

A Design Guideline and Operation Handbook for Environment-Energy Efficiency Opimization on Government Owned Office Buildings

附录 6：项目交接时对影响运行的关键细节的查验细则表（表 99）

项目交接时对影响运行的关键细节查验细则表   表 99

序号	设备名称	查验细则	查验结果	是否需要整改
1	冷水机组	控制面板是否有操作密码		
		出入口各阀门是否动作正常		
		入口是否设置过滤器		
		出入口是否设置水压表，且是否正常		
		过滤器进口是否设置水压表，且是否正常		
		是否设置计量电表，且是否正常		
2	冷却水泵	出入口各阀门是否动作正常		
		入口是否设置过滤器		
		出入口是否设置水压表，且是否正常		
		过滤器进口是否设置水压表，且是否正常		
		是否设置计量电表，且是否正常		
3	冷冻水泵	出入口各阀门是否动作正常		
		入口是否设置过滤器		
		出入口是否设置水压表，且是否正常		
		过滤器进口是否设置水压表，且是否正常		
		是否设置计量电表，且是否正常		
4	冷却塔	是否设置计量电表，且是否正常		
5	集分水器	各支路阀门是否动作正常		
		集分水器上是否设置水压表，且是否正常		
		各支路是否设置温度计，且是否正常		
6	空调机组	风道是否连接正确		
		水盘管出入口各阀门是否动作正常		
		水盘管入口是否设置过滤器		
		水盘管出入口是否设置水压表，且是否正常		
		水过滤器进口是否设置水压表，且是否正常		
		是否设置计量电表，且是否正常		
		各风阀是否动作正常		
		各温度传感器是否正常		
		新风入口是否远离污染源		
		机箱是否存在漏风现象		
		回风是否畅通		
		与其他空调机组的配合关系		

序号	设备名称	查验细则	查验结果	是否需要整改
7	新风机组	风道是否连接正确		
		水盘管出入口各阀门是否动作正常		
		水盘管入口是否设置过滤器		
		水盘管出入口是否设置水压表，且是否正常		
		水过滤器进口是否设置水压表，且是否正常		
		是否设置计量电表，且是否正常		
		各风阀是否动作正常		
		各温度传感器是否正常		
		新风入口是否远离污染源		
		机箱是否存在漏风现象		
8	锅炉	出入口各阀门是否动作正常		
		入口是否设置过滤器		
		出入口是否设置水压表，且是否正常		
		过滤器进口是否设置水压表，且是否正常		
		是否设置燃料计量表，且是否正常		
9	换热器	出入口是否设置温度计，且是否正常		
		出入口是否设置水压表，且是否正常		
10	冷冻水系统	是否设置流量计，且是否正常		
		是否设置水处理装置，且是否能正常工作		
11	冷却水系统	是否设置流量计，且是否正常		
		是否设置水处理装置，且是否能正常工作		

办公建筑的环境能源效率优化设计

A Design Guideline and Operation Handbook for Environment-Energy Efficiency Opimization on Government Owned Office Buildings

附录 7： 建筑环境性能优化运行提升策略查验一览表（表 100）

建筑环境性能优化运行提升策略查验一览表　　　　　　　　　　　　　　　　表 100

序号	类别	细则	查验结果	是否需要整改
1	2.1 室外环境性能要求及提升策略	2.1.1 建筑室外的热岛效应		
		2.1.2 室外空调冷却塔运行环境是否满足卫生要求		
		2.1.3 新风取风口是否存在污染和清洁		
		2.1.4 室外的噪声污染		
		2.1.5 室外的光污染		
		2.1.6 室外水景观及积水		
2	2.2 室内热湿环境性能要求及提升策略	2.2.1 空调运行时间是否明显高于同地区同类建筑		
		2.2.2 室内热舒适参数控制		
		2.2.3 围护结构结露		
		2.2.4 空调出风口的结露		
		2.2.5 空调出风口直吹人体		
3	2.3 室内光环境性能要求及提升策略	2.3.1 室内自然光眩光控制		
		2.3.2 自然采光均匀度		
		2.3.3 内走廊的光环境及智能控制		
		2.3.5 人工照明照度需求		
		2.3.5 人工照明分区控制		
		2.3.6 照明灯具的更换与维护		
4	2.4 室内声环境性能要求及提升策略	2.4.1 室内噪声控制		
		2.4.2 混响时间和语言清晰度		
		2.4.3 设备隔振和隔声		
5	2.5 室内空气质量	2.5.1 空调新风系统是否开启		
		2.5.2 采用单体机空调房间		
		2.5.3 停车场和半封闭的空间室内足够新风		
		2.5.4 复印机房是否强化通风		

附录 8：常用性能参数测量方法

1. 水温测量方法

（1）测量仪器：贴壁式温度计。

（2）方法图示（图 123）。

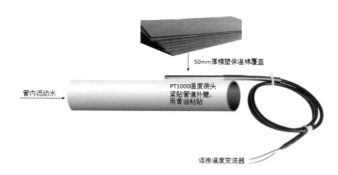

图 123 贴壁式温度计水温测试法

2. 水流量测量方法

（1）测量仪器：探头外夹式超声波流量计。

（2）方法图示（图 124）。

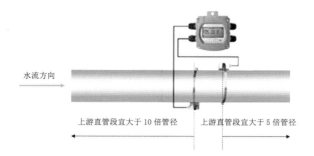

图 124 探头外夹式水流量测试法

办公建筑的环境能源效率优化设计

A Design Guideline and Operation Handbook for Environment-Energy Efficiency Opimization on Government Owned Office Buildings

3. 冷（热）量测量方法

（1）测量方法：根据水量和水温计算得到。

（2）计算公式：

$$Q = 4.187 \frac{G(t_h - t_s)}{3.6}$$

式中 Q——冷量，当它为负时表示热量，单位：kW；

G——水流量，单位：m^3/h；

t_h——回水温度，单位：℃；

t_s——供水温度，单位：℃。

4. 功率测量方法

（1）测量仪器：三相电功率计。

（2）方法图示（图 125）。

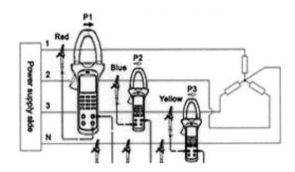

图 125 三相电功率计测量法

5. 冷水机组或热泵机组效率测量方法

（1）测量方法：根据冷（热）量和机组功率计算得到。

（2）计算公式：

$$COP_{CH} = \frac{Q}{P_{CH}}$$

式中 COP_{CH}——冷水机组或热泵机组效率；

　　Q　　——冷量或热量，单位：kW；

　　P_{CH}　——冷水机组或热泵机组功率，单位：kW。

6. 冷冻水系统输送系数测量方法

　　（1）测量方法：根据冷量和冷冻水泵总功率计算得到。

　　（2）计算公式：

$$COP_{CHW} = \frac{Q}{P_{CHW}}$$

式中 COP_{CHW}——冷冻水系统输送系数；

　　Q　　——冷量，单位：kW；

　　P_{CHW}　——冷冻水泵总功率，单位：kW。

7. 冷冻水系统输送系数测量方法

　　（1）测量方法：根据冷量和冷却水泵总功率计算得到。

　　（2）计算公式：

$$COP_{CW} = \frac{Q}{P_{CW}}$$

式中 COP_{CW}——冷却水系统输送系数；

　　Q　　——冷量，单位：kW；

　　P_{CW}　——冷却水泵总功率，单位：kW。

8. 水压测量方法

　　（1）测量仪器：宜采用数据式水压计。

　　（2）方法图示（图126）。

办公建筑的环境能源效率优化设计

A Design Guideline and Operation Handbook for Environment-Energy Efficiency Opimization on Government Owned Office Buildings

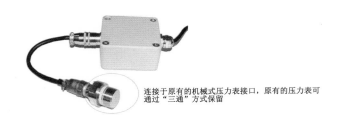

连接于原有的机械式压力表接口，原有的压力表可通过"三通"方式保留

图 126 数据式水压计测量法

9. 水泵扬程测量方法

（1）测量仪器：宜采用数据式水压计。

（2）计算公式：

$$H = 100\ (P_{\text{out}} - P_{\text{in}}) + h$$

式中 H ——水泵扬程，单位：m；

P_{out}——水泵出口压力，单位：MPa；

P_{in} ——水泵入口压力，单位：MPa；

h ——水泵出入口压力表高压，单位：m。

（3）方法图示（图 127）。

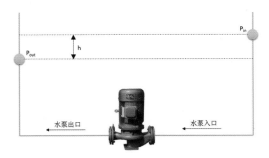

图 127 数据式水压计测量法

10. 水泵效率测量方法

（1）测量方法：根据水泵流量、扬程和功率计算得到。

（2）计算公式：

$$\varepsilon_{pump} = \frac{9.8}{3600} \frac{GH}{P_{pump}}$$

式中　ε_{pum}——水泵效率；

　　　G　——水泵流量，单位：m^3/h；

　　　H　——水泵扬程，单位：m；

　　　P_{pump}——水泵功率，单位：kW。

图书在版编目（CIP）数据

办公建筑的环境能源效率优化设计 / 庄惟敏等 .
北京：中国建筑工业出版社，2017.4
ISBN　978-7-112-20634-6

Ⅰ . ①办… Ⅱ . ①庄… Ⅲ . ①办公建筑－能源效率－
最优设计 Ⅳ . ① TU243

中国版本图书馆 CIP 数据核字 (2017) 第 061159 号

责任编辑：边　琨　陈夕涛　代　静
编　　辑：王若溪　葛方悟
责任校对：李欣慰　张　颖
排版设计：郑　瑾　李鑫瀚

办公建筑的环境能源效率优化设计
"公共机构环境能源效率综合提升
适宜技术研究与应用示范"（2013BAJ15B01）
课题组

庄惟敏　黄献明　高庆龙　刘加根　黄蔚欣　郭晋生
周正楠　胡　林　朱珊珊　栗　铁　夏　伟　李　涛

*

中国建筑工业出版社 出版、发行（北京海淀三里河路 9 号）
各地新华书店、建筑书店经销
天津图文方嘉印刷有限公司印刷

*

开本：787×1092 毫米　1/16　印张：14½　字数：258 千字
2019 年 2 月第一版　2019 年 2 月第一次印刷
定价：98.00 元
ISBN 978-7-112-20634 - 6
（30295）